Ihr Hobby

Wasserschildkröten

Andreas S. Hennig

bede bei Ulmer

Inhaltsverzeichnis

Für meine Eltern

Danksagung
Mein besonderer Dank gilt Maik Schilde (Leipzig-Engelsdorf) für die wertvollen Ratschläge, die konstruktive Durchsicht des Manuskripts und die Gelegenheiten, bei ihm zu fotografieren. Bedanken möchte ich mich ebenfalls bei Wolfgang Helm (Gera) für die freundliche Übermittlung von Zuchtdaten und die Chance des Fotografierens. Für die Fotomöglichkeit bedanke ich mich sehr herzlich bei Reinhard Siegl (Eutzsch).

Bildquellen
Titelfoto: iStockphoto / Vitaly Titov
Alle Fotos im Innenteil stammen vom Autor außer
M.-P. und C. Piednoir: Seite 60
D. Handschack: Seite 90/91

Bibliografische Information der Deutschen Nationalbibliothek
Die Deutsche Nationalbibliothek verzeichnet diese Publikation in der Deutschen Nationalbibliografie; detaillierte bibliografische Daten sind im Internet über http://dnb.d-nb.de abrufbar.

Wollgrasweg 41, 70599 Stuttgart (Hohenheim)
E-Mail: info@ulmer.de
Internet: www.ulmer.de
Umschlaggestaltung: Sojus Design, Kai Twelbeck, Stuttgart
Druck und Bindung: Westermann Druck, Zwickau
Printed in Germany

ISBN 978-3-8001-6767-8

Einleitung

Als ich damals die ersten zwei Wasserschildkröten im Zoohandel erwarb, ahnte ich noch nicht, welches Ausmaß und welche Intensität dieses Hobby einmal annehmen sollte.
Ich hatte bereits viele verschiedene Heimtiere gehalten; Wellensittich, Katze, verschiedene Kleinsäuger und Fische teilten mit mir sowohl die elterliche Wohnung als auch mein junges Leben. Ich war für jede Art von Natur zu begeistern - sehr zum Leidwesen meiner Eltern, die meine Interessen tapfer ertrugen.
Egal, ob es dabei um die Beobachtung Dutzender gehälteter Fliegenlarven in ihrem hinter das Bett gefallenen Margarinebecher-Terrarium ging oder die kleinen erbeuteten Erdkröten und Zauneidechsen, die den Ferienlageraufenthalt ruhmvoll abschlossen.

Jungtier der Kinnfleck-Schmuckschildkröte (*Trachemys scripta callirostris*), eine attraktive Schildkröte aus dem nördlichen Südamerika.

Mit zunehmenden Alter wuchs die Aufmerksamkeit an der Terraristik. Die durch mütter- und väterliche Finanzierung erstandenen Bücher über Amphibien und Reptilien wurden meine persönliche Tageslektüre. Zoohandlungen mit Echsen, Schlangen und Schildkröten zogen mich in ihren Bann, Besuche in Zoologischen Gärten richteten sich zu einem wesentlichen Teil nach ihrem herpetologischen Inventar und dessen tropischer Atmosphäre. Die Tropenhäuser mit ihrer einzigartigen Kombination aus Pflanzen, Tieren, Geräuschen und Geruch wurden von mir aufgesogen und zementierten die Fundamente meiner animalischen Aufmerksamkeit.
Das vielseitige Interesse formte sich zu zwei Schwerpunkten: Kleinsäuger und Wasserschildkröten. Als die erste eigene Wohnung in greifbarer Nähe war und meine Pläne für weitere Tieranschaffungen ohne elterliches Veto reifen konnten, wurde mir meine Entscheidung für die ausgeglichenen Wünsche

nach Säugern und Reptilien abgenommen. Eine notwendig gewordene ärztliche Untersuchung gipfelte in dem Ergebnis, daß ich an zahlreichen Allergien, so auch an Tierhaaren, leide...

In der Vergangenheit bekam ich mehrfach auch Chinesische Weichschildkröten (*Pelodiscus sinensis*), die ihren Besitzern zu groß und pflegeaufwendig wurden.

Die Weiche in Richtung Schildkröten war unverrückbar gestellt. Was am Anfang noch bescheiden mit einem gebrauchten 100-cm-Becken und zwei jungen Südlichen Zierschildkröten begann, steigerte sich mit zunehmender Erfahrung und wachsenden Haltungserfolgen zu einem Vielfachen des „Anfängerkapitals".

Im Laufe der Zeit lernte ich die unglaubliche Artenfülle mit ihren formenreichen, farbenprächtigen und verhaltensspezifischen Variationen kennen und verstehen.

Es ist doch erstaunlich, was sich alles hinter dem Begriff „Wasserschildkröte" verbirgt - angefangen bei den nordamerikanischen Schmuckschildkröten über die unglaublich faszinierende Vielfalt asiatischer Arten bis hin zu den eigentümlichen Schlangenhalsschildkröten Australiens. Jede einzelne Art besticht durch das ihr eigene Aussehen, ihr Verhalten und die Lebensweise. Diese drei Komponenten als Anpassung an eine sich im Laufe der Evolution veränderten Umwelt verfeinerten den lebensfähigen „Bauplan Schildkröte" und schufen ein Konzept zum Überleben.

Zumindest funktionierte dies so lange, bis der Mensch eingriff. Er ist die Ursache für eine unglaubliche Anzahl bedrohter Schild-

krötenarten, sei es nun durch die massive Lebensraumzerstörung, die vermeintliche Schädlingsbeseitigung sowie den unkontrollierten Handel zu Lebensmittelzwecken. Gerade Letzteres nahm im asiatischen Raum in den letzten Jahren erschreckende Ausmaße an, die, wenn wir nicht sofort einschreiten, eine ganze Reihe an einmaligen Arten unweigerlich zum Aussterben verurteilen wird. Auf dem heutigen Schildkrötenpfleger lastet somit eine brisante Verantwortung, derer sich jeder bewußt sein sollte.
Ich hatte mich vor dem Kauf meiner ersten Schildkröten natürlich in entsprechender Fachliteratur informiert, doch war der damalige Markt für herpetologische Bücher noch dünn gesät. Erst der Kontakt zu anderen Schildkrötenliebhabern, der Besuch von entsprechenden Workshops und Jahrestagungen sowie in heutiger Zeit das Internet mit seinen fast unerschöpflich erscheinenden Möglichkeiten festigten und erweiterten das Wissen um die beliebten Panzerträger. Als Grundlage dient die unersetzbare Literatur, so sie denn den aktuellen Wissensstand vermittelt, ergänzend und begleitend durch den direkten Erfahrungsaustausch mit Gleichgesinnten. Aus diesem gesunden Mix entwickelt sich bei jedem verantwortungsbewußten Schildkrötenliebhaber eine fruchtbare Grundlage für den richtigen Umgang mit seinen Pfleglingen.
Doch nicht immer wird die Fruchtbarkeit von Erfolg gekrönt. Es gibt immer noch zu viele Menschen, die sich Spontankäufen ergeben oder den drängelnden Kindern unüberlegt eine oder gar mehrere kleine Wasserschildkrötenbabys kaufen. Oft wird aus Geldersparnis oder Bequemlichkeit weder vor noch nach dem Kauf die Fachliteratur zu Rate gezogen, und jegliches Grundwissen für eine richtige Schildkrötenhaltung fehlt.
Ebenso schnell, wie der Wunsch nach einem gepanzerten Heimtier entstand, verfliegt er bei einigen Zeitgenossen auch wieder. Die Tiere werden größer, die wunderschöne Färbung verblaßt, die Arbeit mit den scheinbar unersättlichen Pfleglingen nimmt mittlerweile einen nicht einkalkulierten Großteil der kostbaren Freizeit ein.
Doch wohin mit den groß gewordenen Reptilien?
Im Laufe der letzten Jahre bekam ich mehrfach unerwünschte Schmuck- und Weichschildkröten, meist mit dem Kommentar „Ist mir zu groß geworden.“. Dabei kann man doch nach vorheriger Information auf Arten zurückgreifen, deren Wachstum überschaubar bleibt und deren Pflegeaufwand nicht ins Uferlose gerät. So überwiegt auch die Freude an den Tieren, die einem das Leben abwechslungsreicher gestalten.
Überhaupt ist doch die Schildkrötenhaltung eine spannende Beschäftigung mit der Natur! Sie schult die Rücksicht auf eine sensible Umwelt und vermittelt das richtige Empfinden für unsere Mitbewohner. Sei es nun die Aufzucht der Babys, das Beobachten ihrer Entwicklung oder gar die Paarung adulter Tiere mit den nun folgenden Eiablagen, das Ausbrüten der Eier und - als Krönung - der Schlupf der kleinen Schildkröten. Lassen auch Sie sich verführen von diesen einzigartigen Lebewesen und erliegen Sie mit mir der Faszination der Schildkröten!

Anschaffung und Auswahl

Grundsätzliche Überlegungen

Viele Menschen wünschen sich ein Stück Natur im Haus. Das sind meist Pflanzen, aber auch Tiere. Gerade für Einwohner großer Städte besteht der Wunsch nach dem ganz „persönlichen Paradies" in den eigenen vier Wänden. So entscheiden sich immer mehr Naturinteressierte für ein attraktives Terrarium mit reizvollen Amphibien oder Reptilien. Neben Fröschen, Schwanzlurchen, Schlangen und Echsen sind es immer wieder die Schildkröten, die als Sympathieträger der wechselwarmen Fauna noch am beliebtesten sind. Was aber sind die Voraussetzungen, um Wasserschildkröten zu halten? Zunächst muß man über ein gesundes Maß an Verantwortungsbewußtsein verfügen, denn mit dem Kauf eines Tieres nimmt man ab sofort wesentlichen Einfluß auf dessen Leben und auch Tod. Man ist dafür verantwortlich, wie die erworbenen Schildkröten leben, ob sie bei den richtigen Temperaturen gehalten werden, daß sie die richtige Nahrung bekommen, eventuelle Krankheiten geheilt werden...

Kurz gesagt: Es ist die Bereitschaft notwendig, seine Pfleglinge über sehr viele Jahre hinweg artgerecht zu halten. Technische Elemente wie Wärme- und Lichtquellen müssen ebenso berücksichtigt werden wie Landteile zur Eiablage oder Versteckplätze für dämmerungsaktive Arten. Beim Erwerb mehrerer Wasserschildkröten ist immer damit zu rechnen, daß mindestens ein dominantes Exemplar oder ein aufdringliches Männchen darunter sind. Ein Problem, auf das immer mit der separaten Unterbringung der betroffenen Tiere reagiert werden muß. So ist schon am Beginn der Haltung einzuplanen, in einem solchen Fall ein zweites Becken aufzustellen. Ein wichtiger Punkt ist auch der Kostenfaktor, denn neben dem Kaufpreis für das Tier sind finanzielle Lasten für Becken, Technik sowie laufende Kosten (Strom, Wasser, Futter) zu tragen. Ist man bereit, den für die Wasserschildkrötenhaltung notwendigen Aufwand zu betreiben, steht einer Anschaffung der gewünschten Tiere nichts mehr im Wege.

Trachemys scripta scripta, die Gelbwangen-Schmuckschildkröte, ist eine attraktive Unterart aus Nordamerika.

Anschaffung

Wo bekommt man nun seine Schildkröten? Der erste Weg wird sicherlich in ein Zoofachgeschäft führen. Hier gibt es meist Schmuck-, Höcker- und Zierschildkröten. Fast immer handelt es sich dabei um sogenannte Farmzuchten. Das sind Jungtiere, die in US-amerikanischen Schildkrötenfarmen geschlüpft sind, um anschließend in verschiedenste Länder für den Heimtiermarkt exportiert zu werden. Günstig ist es, die Tiere in einer Zoologischen Handlung zu erwerben, die auch eine Terraristikabteilung führt. In der Regel werden diese von kompetenten Verkäufern betreut, die eine fachgerechte Beratung anbieten. In den letzten Jahren etablierten sich auch spezialisierte Versandhändler, die die bestellten Tiere zuschicken. Diese Art des Kaufs hat aber einen entscheidenden Nachteil: Es ist nicht möglich, aus einer Gruppe von Schildkröten zu wählen, um gesunde Exemplare herauszufiltern oder bestimmte Geschlechter zu erhalten. Man ist davon abhängig, welche Tiere vom Händler eingepackt werden. Alternativ erhält man seine neuen Mitbewohner von privaten Schildkrötenzüchtern, die regelmäßig Nachzuchten abgeben. Wie kommt man an deren Adressen? Es gibt beispielsweise Fachmagazine mit Kleinanzeigenrubriken. Mitglieder der Deutschen Gesellschaft für Herpetologie und Terrarienkunde e. V. (DGHT) erhalten neben den Fachzeitschriften auch viermal im Jahr ein Anzeigenjournal, welches in jeder Ausgabe Hunderte Inserate rund um die Terraristik enthält. So gibt es dort auch stets Schildkrötenangebote.

Das Internet als jüngstes Medium bietet auch dem herpetologisch Interessierten ein breites Spektrum an Angeboten. Spezielle Homepages findet man über entsprechende Suchmaschinen oder einfach auf der Linkseite der DGHT (www.dght.de). Selbst wenn der jeweilige Inserent bereits alle eigenen Nachzuchten abgegeben hat, kennt er in vielen Fällen noch befreundete Terrarianer, die weiterhelfen können.

Ansonsten besteht bei manchen Schildkrötenzüchtern die Möglichkeit, sich für kommende Nachzuchten vormerken zu lassen.

Bis Ende der 90er Jahre war die Amboina-Scharnierschildkröte (*Cuora amboinensis*) eine häufig im Zoohandel anzutreffende Wasserschildkröte; seit 2000 gehört sie zu den geschützten Arten, um deren Fortbestand sich verantwortungsbewußte Liebhaber bemühen.

Fragen Sie einfach! Direkte Ansprechpartner können auch regionale Terrarienvereine oder DGHT-Stadtgruppen sein. Neben ansprechenden Vortragsprogrammen, die immer einen Besuch wert sind, kann man von den Mitgliedern oft Nachzuchttiere erwerben.

Eine weitere Bezugsquelle stellen Reptilienbörsen dar, die mit unterschiedlichen Qualitäten regelmäßig in vielen Städten Deutschlands, Österreichs oder auch den Niederlanden durchgeführt werden. Hier bieten sowohl Händler als auch Privatpersonen Amphibien, Reptilien, Wirbellose und Kleinsäuger an. Daneben gibt es auch immer eine reiche Auswahl an Büchern und Zubehör. In örtlichen Tierheimen werden hin und wieder Wasserschildkröten abgegeben. Meist handelt es sich dabei um mehrjährige Schmuck- und Höckerschildkröten, die ein verantwortungsvolles Zuhause suchen. Grundsätzlich abzulehnen ist der Kauf auf den bunten Märkten, die es zahlreich hinter den deutsch-polnischen und -tschechischen Grenzen gibt. Hier erhält man für die sprichwörtlichen „paar Mark" kleine Schildkrötenbabys aus unkontrollierten Massenimporten. Abgesehen davon, daß man sich mit der Einfuhr der meisten Arten strafbar macht (auch zollrechtlich!), zeugt die Nutzung einer solchen Bezugsquelle nicht gerade von Verantwortungsbewußtsein.

Für die meisten heimischen Aquaterrarien wird *Podocnemis expansa* (Arrau-Schienenschildkröte) mit Panzerlängen von über 80 cm viel zu groß und kräftig; der Kopf des vom Verfasser in Brasilien fotografierten Tieres ist etwa so groß wie eine Männerfaust. Beim Versuch, die Schildkröte zu ergreifen, stürzte er fast ins Wasser...

Auswahlkriterien

Betrachtet man in Büchern, Zoos, bei privaten Haltern, im Zoofachhandel oder auf Reptilienbörsen die möglichen Schildkröten, kristallisiert sich bald heraus, welche Art gehalten werden soll.

Aber nicht jede Schildkröte ist auch für den Einstieg in das interessante Hobby geeignet. Es gibt Arten, die aufgrund ihrer besonderen Haltungsansprüche den unerfahrenen Halter vor unlösbare Probleme stellen würden. Auch scheiden Wasserschildkröten aus, die wegen ihrer Größe und Kraft gefährlich werden können. Vom Aussterben bedrohte Arten sollten selbstredend ebenfalls nicht zu den ersten Pfleglingen gehören, sondern nur den erfahrenen Spezialisten vorbehalten bleiben.

Besondere Haltungsansprüche verlangen beispielsweise brackwasserliebende Diamantschildkröten (*Malaclemys sp.*) oder die streßanfällige Nahrungsspezialistin *Malayemys subtrijuga*, die Malaiische Sumpfschildkröte.

Zu den größeren und auch wehrhaften Wasserschildkröten zählen die Schnapp- (*Chelydra serpentina*) und Geierschildkröten (Macroclemys temminckii). Beide Arten entwickeln unglaubliche Kräfte und gehören nicht in die Hände von unerfahrenen Pflegern!

Schildkröten mit Panzerlängen von über 40 cm erfordern entsprechend große Aquarien bzw. Aquaterrarien. Der Bewegungsdrang adulter Exemplare kann beim besten Willen nicht in Becken mit 100 oder 150 cm Länge gestillt werden. Zu diesen Arten zählen unter anderem die Arrau-Schienenschildkröte (*Podocnemis expansa*) oder die immer wieder erhältliche und ausgesprochen reizvoll aussehende Papua-Weichschildkröte (*Carettochelys insculpta*).

Stark in ihrem Bestand gefährdete Wasserschildkröten sind denkbar schlecht für Hobby-Einsteiger geeignet. Um sie erfolgreich zu halten, sind langjährige Praxis und umfangreiches Wissen notwendig. Daher scheiden solch attraktive Arten, wie die Strahlen-Dreikielschildkröte (*Geoclemys hamiltonii*) oder Indische Dachschildkröte (*Kachuga tecta*) für Anfänger aus.

Welche Arten sind denn nun für den Einsteiger geeignet? Das sind alle Arten, denen der zukünftige Halter den notwendigen Platz bieten und die Lebensbedingungen erfüllen kann. Kleine und für die meisten Zimmerbecken geeignete Wasserschildkröten sind zum Beispiel Moschus- (*Sternotherus odoratus*) und Dach-Moschusschildkröten (*S. carinatus*), die selten Panzerlängen von mehr als zwölf bzw. 15 cm erreichen. Sollen es farbenprächtigere Exemplare sein, bietet sich mit einer Carapaxlänge von maximal 15 cm die wärmeliebende Südliche Zierschildkröte (Chrysemys *picta dorsalis*) an. Aus der Gruppe der asiatischen Arten erwiesen sich die Chinesische Sumpfschildkröte (*Mauremys mutica*) und Schwarze Dickkopfschildkröte (*Siebenrockiella crassicollis*) als geeignet. Soll es unbedingt eine der eigentümlichen Weichschildkröten sein, hat die Chinesische Weichschildkröte (*Pelodiscus sinensis*) noch bei beiden Geschlechtern eine überschaubare Größe.

Aber dies sind nur wenige Beispiele einer umfangreichen Artenliste. Details und weitere hochinteressante Schildkröten finden Sie in den konkreten Artenporträts dieses Buches.

Überlegen Sie vor dem Erwerb, ob Ihr Kind schon Verantwortung für eine Wasserschildkröte übernehmen kann. Jedes niedliche Schildkrötenbaby wächst einmal zu einem großen und auch wehrhaften Tier heran.

Kinder und Schildkröten

Kinder können sich naturgemäß schnell für eine Sache begeistern und diese später mit noch größerem Eifer verfolgen - oder fallen lassen. In Zusammenhang mit Tieren ist es immer ein zweischneidiges Schwert. Verlieren Kinder das Interesse an einer einmal angeschafften Wasserschildkröte, entsteht automatisch die Frage: Wohin mit dem ehemals geliebten Hausgenossen? Es ist heute einfacher denn je, Wasserschildkröten zu bekommen. Aber sie dann in dauerhaft gute Hände zu vermitteln, ist um so schwieriger! Natürlich sind auch Reptilien geeignet, um einem Kind die Sinne für Verantwortung und Umwelt zu schärfen. Nur hat diese Tier-

Hieroglyphen-Schmuckschildkröten (*Pseudemys concinna*) sind oft in den Aquaterrarien zu finden. Im Alter benötigen sie viel mehr pflanzliche als tierische Nahrung. Beachte die langen Krallen des Männchens im Vordergrund!

gruppe einen entscheidenden Nachteil: Im Gegensatz zu den domestizierten Haus- und Heimtieren mit „Anfaß-und-Streichel-Charakter" sind die beliebten Panzerträger immer noch Wildtiere und eher mit Abstand zu betrachten. Kann sich ein Kind damit anfreunden, seine Pfleglinge lieber zu beobachten als in das eigene Spiel zu integrieren, können Wasserschildkröten durchaus geeignete Heimtiere darstellen.

Um die Thematik zu verdeutlichen, möchte ich gern zwei Beispiele aus eigener Erfahrung wiedergeben. Eines Tages erreichte mich ein Anruf. Eine Familie wollte ihre Weichschildkröte abgeben. Zwei Jahre zuvor wurden zum fünften Geburtstag der Tochter auf ihren Wunsch hin zwei der niedlichen kleinen Weichschildkrötenbabys gekauft. Diese wurden eilends in das vorhandene 50 cm-Aquarium gesteckt und wuchsen dort in kurzer Zeit zu beträchtlichen Exemplaren heran. Als es deren zunehmende Aggressivität nicht mehr erlaubte, daß die Tochter sie zum Spielen aus dem Becken nehmen konnte, verlor sie auch das Interesse an den Tieren. Die Schildkröten hatten mittlerweile Panzerlängen von 20 cm und damit die Geschlechtsreife erreicht. Das aggressivere der beiden Exemplare wurde daraufhin im Wassergraben eines Zoologischen Gartens „entsorgt", das verbliebene Heimtier sollte wenige Wochen später folgen. Und so erhielt ich es. Es war in einem traurigen Zustand. Der bei dieser Art eigentlich flache Rücken hatte einen kräftigen Buckel, der hintere Panzerrand zeigte zahlreiche große Bißwunden.

Ein schöneres Beispiel erlebe ich gerade, während ich dieses Buch schreibe. Die Schmuckschildkröten eines 14 jährigen Jungen legten erstmals Eier. Er kam über verschiedene Kontakte zu meiner Telefonnummer und erkundigte sich bei mir nun genau, was er machen muß. Dabei sprudelte regelrecht bei jedem seiner Worte die Begeisterung heraus, die die Schildkröten und ihr Verhalten auslösten! Trotzdem es sich nur um unbefruchtete Eier handelte, vertröstete er sich bereits auf das nächste Frühjahr und verriet mir seine Pläne für den Erwerb eines passenden Männchens, den Bau eines Schildkrötenteiches, den Umbau des Aquaterrariums... Mittlerweile ruft er mich regelmäßig an und berichtet von seinen interessanten Heimtieren! Man sieht, die Haltung von Wasserschildkröten kann die Persönlichkeit unserer Kinder positiv beeinflussen oder aber auch an ihr „vorbeigehen".

Transportieren und Eingewöhnen

Nach dem Kauf einer oder mehrerer Wasserschildkröten steht zwangsweise das Problem des Transportes an nächster Stelle. Der falsche Weg wäre, in das Transportgefäß (meist eine Kunststoffkiste) ein wenig Wasser zu füllen, um anschließend die Tiere hineinzusetzen. Das Problem hierbei ist, daß sich das wenige Wasser nun sehr schnell abkühlt und man eine Erkältung der Tiere riskiert, zumal Zugluft nicht immer 100%ig ausgeschlossen werden kann.

Als ich einmal zwei Schmuckschildkröten erhielt, die dem Vorbesitzer mit der Zeit zu groß und pflegeaufwendig wurden, verstaute er sie auf dem Transport zu mir jeweils in einem Eimer mit etwas Wasser.

Er war der Meinung, daß Wasserschildkröten eben im Wasser zu transportieren wären. Es schadet keiner Schildkröte, wenn sie während des Transportes für kurze Zeit „im Trockenen" sitzt. Somit bieten sich als Transportbehälter Haushaltboxen, Styroporbehälter oder die im Handel käuflichen Plastikterrarien an (jeweils mit Deckel). Diese legt man mit angefeuchtetem Zellstoff (unparfümiert) oder Schaumgummi aus. Ergänzend für die karge Einrichtung legen wir noch etwas Knüllpapier oder kleine Schaumstoffwürfel hinein, um dem Schutzbedürfnis der Tiere Rechnung zu tragen. Der dadurch erzielte Rückenkontakt mit dem Füllmaterial fördert das Sicherheitsgefühl in der stressigen Transportsituation. Dauert der Transport mehrere Stunden, nutzen auch viele Schildkrötenhalter die Möglichkeit, große Wasserschildkröten in Leinenbeuteln unterzubringen. Die oben zusammengeknoteten Beutel werden samt Inhalt in temperaturstabilen Styroporkisten untergebracht.

Kleinere Arten wie die Dach-Moschusschildkröte (*S. carinatus*) werden zum Transport in Kunststoffdosen untergebracht. Mit feuchtem Zellstoff ausgelegt, werden die Transportbehälter möglichst dunkel befördert.

Die Florida-Rotbauchschmuckschildkröte (*P. nelsoni*) ist ein attraktiver Pflegling, der Panzerlängen von über 30 cm erreicht. Entsprechend große Wasserbecken sind für die wärmeliebende Art notwendig. Eine mehrmonatige Freilandhaltung kann nur bei geschützten, überdachten Anlagen realisiert werden.

Zu den Fleischfressern gehört die Gewöhnliche Moschusschildkröte (*Sternotherus odoratus*); mit ihren kräftigen und scharfen Hornschneiden können adulte Exemplare auch Schneckenhäuser knacken.

Auf jeden Fall bedeutet ein Ortswechsel Aufregung für die Tiere. Das vertraute Terrain wird verlassen, sie wurden mehrfach in Beutegreifermanier in Händen gehalten und schließlich verpackt. Daher nehmen wir sie während des Transportes nicht aus ihren Behältern, um sie anzuschauen. In ihren dunklen Boxen fühlen sie sich sicherer. Daheim angekommen, setzen wir die Neulinge in den Flachwasserbereich der vorbereiteten und fertig eingerichteten Unterkunft. Nun heißt es: Ruhe. Lassen wir den Schildkröten Zeit, um sich zu orientieren. Zeit, das neue Revier zu erkunden und es kennenzulernen.

Pflegt man bereits Wasserschildkröten, ist vor der Vergesellschaftung eine Quarantäne anzuraten. Diese vorübergehende Isolierung beugt der Infizierung des Altbestandes vor, falls die neuen Tiere ansteckend krank sind. Das kann besonders bei frisch importierten Wildfängen der Fall sein. Ich gestehe, daß meine Neuzugänge wider besseres Wissen nie einer mehrmonatigen Quarantäne unterzogen wurden... Meist erhielt ich sie langjährig eingewöhnt aus Privathand. Beim Kauf mehrerer Schildkröten wurden diese sowieso als eigene Gruppe separat untergebracht.

Auf jeden Fall beobachten wir die neu erworbenen Pfleglinge genau, um eventuelle Unregelmäßigkeiten oder Krankheitsbilder zu erkennen.

Ernährung

Zur artgerechten Haltung von Tieren gehört neben der korrekten Unterbringung auch das richtige Futter. Um seine Schildkröten gesund zu erhalten und optimal zu versorgen, sollte es möglichst abwechslungsreich und frei von schädigenden Inhalten, wie Fett, sein. So genügt es auf keinen Fall, Wasserschildkröten ausschließlich mit handelsüblichen Pellets oder getrockneten Bachflohkrebsen zu ernähren. Nicht wenige Sumpf- und Wasserschildkröten fressen zum Teil oder hauptsächlich pflanzliche Nahrung.

Halten wir uns doch einmal vor Augen, welch' reich gedeckten Tisch unsere Pfleglinge in der Natur vorfinden würden. In ihren Heimatgewässern lebt eine ungeheure Vielfalt an Wirbellosen. Libellenlarven krabbeln am Bodengrund, Mückenlarven „hängen" an der Wasseroberfläche, Schwimmwanzen und Rückenschwimmer sind auf Nahrungssuche, Steinfliegenlarven huschen umher, Köcherfliegenlarven lauern in ihren selbst gebauten Häusern, im Schlamm winden sich Tubifex. Am Gewässergrund werden Krebse aufgespürt, Schnecken erbeutet, und Schwärme von Wasserflöhen bewe-

gen sich durch den Lebensraum der wassergebundenen Reptilien.
Dazu kommt die sogenannte Anflugnahrung: Heuschrecken, die versehentlich auf die Wasseroberfläche sprangen, eierlegende Libellen und Mücken, ins Wasser gefallene Raupen, Käfer und auch Regenwürmer. Die Wasserschildkröten finden auch Laich von Amphibien, später dann die daraus hervorgegangenen Molchlarven und Kaulquappen. Größere Beutetiere wie Fische, Säugetiere oder Vögel stehen höchst selten zur Verfügung, stellen aber eine willkommene Proteinquelle dar. Die reaktionsschnellen Fische sind für die meisten Schildkröten unerreichbar und nur krank, geschwächt oder bereits tot eine mögliche Nahrungsquelle. Säuger und Vögel dürften auch nur in Form von Aas auf dem Speiseplan stehen.
Adulte Wasserschildkröten, beispielsweise aus den Gruppen *Trachemys* und *Pseudemys*, finden das für ihre Körpergröße notwendige Nahrungsvolumen nicht mehr in ausreichender Menge. Sie weichen auf Pflanzen aus, die in ihren Heimatgewässern in genügender und leicht erschließbarer Anzahl vorkommen. Fast automatisch nehmen sie beim Abweiden verschiedenster Wasserpflanzen auch tierische Nahrung auf. Denn an Blättern, Blüten, Stielen verstecken sich viele kleine und kleinste Lebewesen.
Die Schildkröten sind täglich damit beschäftigt, in ausreichender Menge Nahrung zu suchen. Schließlich müssen sie überle-

Jungtiere der Südlichen Zierschildkröte, *Chrysemys picta dorsalis*, ernähren sich von Wirbellosen wie Mückenlarven, Wasserflöhen, aber auch kleinen Grillen. Ältere Exemplare weiden auch gern die an Wurzeln haftenden Algen ab.

Eine der bekanntesten Arten ist *Trachemys scripta elegans*, die Rotwangen-Schmuckschildkröte. Je größer sie werden, desto umfangreicher ist ihr täglicher Hunger nach Pflanzen wie Wasserlinsen und Schwimmfarn.

ben, Jungtiere müssen schnellstmöglich heranwachsen, Weibchen benötigen Kraft und Energie für die kräftezehrende Ei-produktion und -ablage. Auch Wasserschildkröten stehen im harten Wettbewerb der Natur und müssen ihren Lebensraum gegen Mitkonkurrenten behaupten und das Überleben der eigenen Art sichern. Das fängt bereits bei den kleinen Babys an. Sie sind von der ersten Minute ihres Lebens an auf sich allein gestellt und haben eigentlich nur ein Ziel: Schnell groß werden! Je kleiner ein Tier ist, desto höher ist die Wahrscheinlichkeit, von größeren Beutegreifern gefressen zu werden. Deswegen gibt es doch für die kleinen Schildkröten nichts Wichtigeres, als möglichst schnell zu wachsen.

Auf jeden Fall spielen dabei auch äußere Umstände wie Klima und Lebensraumqualität eine Rolle. Doch innerhalb dieser Grenzen müssen die kleinen Schildkröten selbst agieren. Priorität hat dabei sicherlich das Erreichen der Geschlechtsreife, das bei Schildkröten mehr von einer bestimmten Mindestgröße als vom Alter abhängt. Weibchen werden später geschlechtsreif als die kleiner bleibenden Männchen. Natürlich gibt es im Freiland nicht jeden Tag Sonnenschein und die damit zusammenhängende höhere Aktivität.

Beim Beobachten zahlreicher Reptilien in tropischen Ländern konnte ich feststellen, daß bei starker Bewölkung kaum aktive Exemplare zu finden waren. So eben auch bei den Wasserschildkröten. Das betraf beispielsweise Schwarzbauch-Erdschildkröten (*Melanochelys trijuga*) in Sri Lanka oder auch Arrau-Schienenschildkröten (*Podocnemis expansa*) in Brasilien. In solchen Phasen geringer Aktivität wird auch weniger Nahrung aufgenommen.

Auf jeden Fall werden unzählige Schildkröten auf dem Wege zur eigenen erfolgreichen Fortpflanzung Opfer von zahlreichen Raubtieren - das sind Fische, Säuger, Vögel und größere Reptilien. Das gehört zum Kreislauf der Natur und wird bei hohem Feinddruck durch entsprechende Gelegegrößen ausgeglichen. Aber auch das hängt unter anderem von der Nahrung ab: Ist sie hochwertig und ausrei-

chend, hat dies positive Auswirkungen auf Gelege und Jungtiere.

Siebenrockiella crassicollis, die Schwarze Dickkopfschildkröte, ist eine reizvolle asiatische Wasserschildkröte. Sie ist kein Nahrungsspezialist und auch für Anfänger in der Terraristik geeignet.

Was bedeutet dies nun für die Schildkrötenhaltung? Wir müssen unsere Pfleglinge regelmäßig und abwechslungsreich mit qualitativ hochwertigem Futter versorgen. Um einen Überblick zu geben, welches breite Futterspektrum möglich ist, habe ich folgende Übersicht zusammengestellt (lose Reihenfolge, keine Rangigkeit):

Lebendfutter: Regenwürmer, Gehäuseschnecken (Wasser- und Landschnecken), Mückenlarven, Tubifex (Schlammröhrenwürmer), Wasserflöhe, Kellerasseln, Wasserläufer, „Mehlwürmer“ (Mehlkäferlarven), Zophobas (Schwarzkäferlarven), Wachsmaden, Heuschrecken, Grillen, Heimchen, Larven der Eintagsfliege, Süßwasserfische, Mäuse- und Rattenbabys

Frostfutter: Muschelfleisch, Süßwasserfische, Fischeier, Mückenlarven, Wasserflöhe, Tubifex, Mäuse- und Rattenbabys

Trockenfutter: Bachflohkrebse, Pellets

Pflanzliche Nahrung: Algen, Löwenzahn, Wegerich, Wasserlinsen („Entengrütze“), verschiedenes Obst

Sonstiges: Rinderherz, Sepia-Schalen, Eierschalen.

Lebendfutter fängt man entweder selbst oder bezieht es im Zoofachhandel. Letzterer bietet solche Futterarten wie Tubifex, Wasserflöhe und Mückenlarven als Zierfischfutter regelmäßig an. Heuschrecken, Grillen, Mäuse- und Rattenbabys bieten Zoohändler mit Terraristikabteilung, auf jeden Fall aber spezialisierte Futtertierzuchtbetriebe, an. Bezugsadressen findet man beispielsweise in einschlägigen Fachzeitschriften, in denen immer themenverwandte Werbung enthalten ist. Regenwürmer und Gehäuseschnecken findet man sicherlich im heimatlichen Garten. Die unterschiedlich langen Würmer entdeckt man beim Graben in feuchter Erde oder unter Steinen bzw. Steinplatten. Für Schildkrötenbabys können größere Regenwürmer zerteilt werden. Nicht von den Schildkröten akzeptiert werden die rotfarbenen Würmer vom Komposthaufen. Diese haben einen üblen Eigengeruch. In älterer Literatur findet man gelegentlich noch den

Zu den kleinwüchsigen und gut in Zimmerbecken zu haltenden Arten gehört die Kleine Moschusschildkröte, *Sternotherus minor minor*. Die Unterbringung, Pflege und Ernährung erfolgt wie im Artenporträt von *S. carinatus* beschrieben.

Hinweis, daß Regenwürmern vor dem Verfüttern noch der Darm leergedrückt werden muß. Das ist nicht notwendig! Über den Darminhalt erhalten die Wasserschildkröten Mineral- und Ballaststoffe. Gehäuseschnecken (in der Regel die Hainschnirkelschnecke) findet man in größeren Mengen nach Regenfällen oder in feuchtem Grünland. Ist es trocken, verstecken sie sich in möglichst etwas feuchten Hohlräumen, wie unter Steinen oder bodendeckenden Pflanzen. Weitere Fundorte sind die Unterseiten großer Blätter sowie untere Stammbereiche junger Bäume. Ich empfehle, größere Gehäuse vor dem Verfüttern zu zerdrücken. Das ist nicht jedermanns Sache, aber nur wenige Schildkröten haben die Kraft, Schneckenhäuser mit ihren Kiefern zu knacken. Es werden dann nur die Teile abgefressen, die aus dem Gehäuse ragen und erreichbar sind. Im Schneckenhaus verbliebene Fleischreste faulen jedoch in kurzer Zeit und stinken dann fürchterlich! Wasserschnekken sind natürlich auch eine Futtermöglichkeit. Entweder züchtet man sie selbst, was jedoch selten produktiv genug ist und den Aufwand kaum lohnt. Ist aber jemand in der glücklichen Lage, einen befreundeten Aquarianer zu kennen, der bereitwillig seine überzähligen Wasserschnekken aus dem Zierfischbecken abgibt, sollte man sich diese nützliche Quelle „warmhalten". Kellerasseln halten sich häufig unter Steinen, bodendeckenden Pflanzenpolstern oder moderndem Holz auf, Wasserflöhe keschert man aus vorhandenen Gewässern (auf Besitzverhältnisse achten), Mückenlarven sind eigentlich in jeder Regenwassertonne, und die länglichen Larven der Eintagsfliege huschen in vielen Zier- und Gartenteichen umher.

Frostfutter ist in jeder Zoohandlung, zunehmend auch in manchen Baumarktketten, zu finden. Hier werden Mückenlarven, Wasserflöhe, Muschelfleisch usw. in dafür vorgesehenen Tiefkühlschränken angeboten. Bietet ein Geschäft auch Reptilien an, ergänzt es sein Futterangebot meist auch um gefrostete Mäuse- und Rattenbabys. In jedem Fall gilt: Vor dem Verfüttern auftauen lassen. Ausschließ-

liches Verfüttern mit gefrostetem Fisch (im Zoofachhandel oft in Form von Stinten erhältlich) führt zu Vitamin-B1-Mangel mit schweren gesundheitlichen Folgen. Daher wieder der Hinweis, die genannten Futtersorten nicht ausschließlich zu verabreichen, sondern stets an Abwechslung zu denken.

Trockenfutter gibt es mittlerweile in jeder denkbaren Form und Zusammensetzung. Trotz vieler Bestandteile sind sie nicht als Alleinfuttermittel geeignet. Praktisch erscheinen die Pellets für die Urlaubsbetreuung unserer Pfleglinge. Der Zoofachhandel bietet hier mehrere Variationen von verschiedenen Herstellern.

Pflanzen wie den Löwenzahn erntet man im Garten oder greift auf die Salate (keinen Kopfsalat, da nährstoffarm und nitratreich) der Supermärkte zurück. Wasserlinsen fischt man aus Teichen, Schwimmfarn oder Wasserhyazinthen aus dem eventuell vorhandenen Gartenteich. Obst sollte wegen seines Zuckergehaltes und der für Wasserschildkröten ungünstigen Inhaltsstoffe nur wenig verfüttert werden. Jedoch stellen Bananen beispielsweise ein gutes Übergangsfutter für schlecht fressende Wildfänge dar.

Rinderherz aus dem Supermarkt wird von mehreren Schildkrötenhaltern verabreicht, stellt aber nicht das Optimum an Futterqualität dar. Es kann etwas aufgewertet werden, wenn man zerbröselte Hühnereischalen darüber gibt. Dies verbessert das Kalziumverhältnis.

Aquaterrarien lassen sich, wie hier beim Verfasser, ansprechend im Wohnbereich integrieren. Pflegt man verschiedene Geschlechter, ist eine Separierung der fast immer paarungsbereiten Männchen erforderlich. Daher ist auch von vornherein der Platz für mindestens ein zweites Becken einzuplanen.

Auch mehrere Aquaterrarien lassen sich attraktiv in Wohnungen unterbringen. Im Hintergrund befinden sich zwei Becken (jeweils 100 x 40 x 40 cm) zur Pflege von Moschusschildkröten. Rechts ein 200 cm langes Terrarium für Gelbrand-Scharnierschildkröten (*Cuora flavomarginata*). Ein Tip für schildkrötenbegeisterte Ehemänner: Planen Sie die Neumöblierung Ihres Wohnzimmers stets so, dass - rein zufällig - auch einige neue Becken dabei Platz finden...

Ebenso wie Sepiaschale, in den Vogelabteilungen der Zooläden erhältlich. Sie kann in ganzen Brocken ins Wasser gegeben werden. Besonders trächtige Weibchen nehmen dies gern an.

In verschiedenen Fachzeitschriften wurden auch bereits Rezepte für einen sogenannten „Schildkrötenpudding“ beschrieben (ARTNER 1998, HACKETHAL 1998). Der Aufwand für den Mix aus vielerlei Zutaten lohnt sich allerdings erst bei einem größeren Wasserschildkrötenbestand.

Fassen wir zusammen: Wir füttern unsere Schildkröten in Anlehnung an ihr natürliches Ernährungsverhalten und legen Wert auf Abwechslung. Trächtige Weibchen erhalten dabei unsere besondere Aufmerksamkeit.

Unterbringung im Aquarium/Aquaterrarium

Die richtige Unterbringung in einem Aquarium oder Aquaterrarium hat entscheidenden Einfluß auf das Wohlbefinden unserer Pfleglinge.

Sowohl Einrichtung als auch Technik müssen so genutzt und eingesetzt werden, daß alle Bedürfnisse der Schildkröten artgerecht erfüllt werden. Für die Zimmerhaltung von Wasserschildkröten stehen uns zwei Grundtypen zur Verfügung. Zum einen Aquarien, also wassergefüllte Becken, ergänzt um einen Sonnenplatz. Hier können wir Jungtiere und geschlechtsreife Männchen unterbringen. Die zweite Variante ist ein Aquaterrarium, eine Kombination aus großem Wasser- mit kleinem Landteil. Diese Terrarienart bietet sich für die Haltung von Weibchen an. Der Landteil dient im Wesentlichen zur Eiablage. Natürlich können Aquaterrarien auch für Männchen genutzt werden.

Standort

Bevor es an die Einrichtung des Behälters geht, sollte zunächst ein geeigneter Stellplatz für eines oder gar mehrere Becken gefunden werden. Dabei muß ein wichtiger Aspekt berücksichtigt werden. Ein einzelnes Aquarium kann je nach Größe, Wassermenge und Einrichtung

bis zu mehrere hundert Kilogramm wiegen. Glasstärke und -menge, die Art der Einrichtung (massive Steine, Kies für den Bodengrund usw.) und das Wasservolumen summieren sich schnell zu ungeahnten Gewichtszahlen.
Wohnen Sie in einem Neubau, kann auf die Vorzüge einer meist massiven, tragfähigen Fußbodenplatte gebaut werden. Befindet sich die Wohnung in einem Altbau mit Holzfußböden kann es zweckmäßig sein, große und schwere Schildkrötenbecken quer zu den in der Geschoßdecke liegenden Tragbalken zu stellen. So wird das Gewicht auf mehrere Balken verteilt. Der Unterbau des Beckens sollte ebenfalls stabil sein. Egal ob Tisch, Regal oder Schrank - es muß in jedem Fall eine sichere Grundlage geschaffen werden, die nicht jeden Augenblick in sich zusammenfallen könnte.

Becken zur Haltung und Zucht von Gewöhnlichen (*Sternotherus odoratus*) und Dach-Moschus-schildkröten (*S. carinatus*). Versteckplätze unter den Landteilen und schrägliegenden Natursteinplatten werden gern angenommen. Pflanzen wie der kleinblättrige Schwimmfarn werden von den genannten Arten nicht gefressen.

Für größere Schildkrötenanlagen mit vielen Becken haben sich Stecksystem-Aluminiumregale oder Metallregale langjährig als geeignet erwiesen. Sie bieten die Möglichkeit, auf relativ geringer Stellfläche mehrere Becken übereinander in den

Noch ein Blick in die Moschusschildkrötenbecken beim Verfasser. Der Wasserstand könnte höher sein, doch handelt es sich bei den dort gehaltenen Schildkröten um Exemplare, die vor der Übernahme nur bei niedriger Wasserhöhe gehalten wurden.

Zimmerbecken zur Haltung halbwüchsiger Schmuckschildkröten. Die Wasserhyazinthen und Muschelblumen wurden innerhalb weniger Wochen von den Schildkröten komplett aufgefressen.

Regalfächern unterzubringen. Zur Sicherheit und Erhöhung der Standfestigkeit können solche Hochbauten noch zusätzlich im oberen Bereich in der Zimmerwand verankert werden. Selbst bei kleinen Becken mit geringer Kantenlänge ist es ratsam, unmittelbar darunter eine elastische Unterlage zu berücksichtigen. Steht ein gefülltes Aquarium direkt auf hartem Grund (Regalbrett, Schrank), kann es zu Spannungen in der Bodenplatte kommen. Wenn sie dann springt, läuft das Wasser aus und überschwemmt die Wohnung - eine Erfahrung, die auch ich machen mußte.

Der Zoofachhandel bietet in seinen Aquaristikabteilungen praktische Matten (Polysoftmatten) in verschiedenen Größen an. Sie sind sehr gut für Schildkrötenbecken geeignet. Möglich sind auch Styroporplatten unterschiedlicher Stärke. Ich verwende in meiner Anlage die genannten Matten für Wasserbecken bis 100 cm Länge. Mein größtes Aquaterrarium mit 180 x 50 cm Grundfläche ruht auf einem selbst gebauten Unterbau. Dieser besteht aus einer gleichgroßen Holzplatte (30 mm dick), welche auf acht Stahlbeinen verschraubt wurde. Für zusätzliche Sicherheit sorgen zwei massive Winkeleisen, die mit 12 mm starken Schrauben in der Zimmerwand ankern. Zwischen Holzplatte und Glasboden liegt eine 2 cm dicke Styroporplatte. Sie beugt möglichen Spannungen im Glas vor. Mittlerweile hat sich diese Konstruktion bereits zehn Jahre lang ohne Probleme bewährt. Der entstandene Hohlraum unter dem Becken (gebildet durch die Stahlbeine) wurde mit Profilholz verkleidet und versteckt den Filter und etwas Zubehör.

Bodengrund

Wie sollte die Einrichtung eines solchen Beckens aussehen?

Widmen wir uns zunächst dem Bodengrund: Attraktiv für den Betrachter wirkt auf jeden Fall Kies in verschiedensten Körnungen, Farben und Formen. Sand sieht auch sehr natürlich aus. Der Nachteil ist

jedoch, daß sowohl Kies als auch Sand die Reinigung und speziell den Wasserwechsel erschweren. Futter- und Kotreste versinken im Substrat und faulen dort - der Ursprung für verschiedenste Keime und Krankheitsherde. Ein noch häufigerer Wasserwechsel und das gründliche Durchspülen des Substrates werden notwendig. Alternativen sind zum Beispiel glatte Strukturen in Form von mit Silikon verklebten Rückwänden aus gefärbtem Styropor, wie sie in der Aquaristik Verwendung finden. In meinen Becken verwende ich auch erfolgreich flache Natursteinplatten als Bodenabdeckung. In meiner Anfangszeit als Wasserschildkrötenhalter klebte ich einmal dünne Korkplatten, wie sie in jedem Baumarkt zu finden sind, auf den Glasboden meiner Becken. Es sah zunächst sehr angenehm aus, doch spätestens nach drei Jahren war deren Lebensdauer vorbei. Der ständige Wasserkontakt und vor allem die scharfen Krallen der größeren Schildkröten beanspruchten den Kork so sehr, daß später nur noch die Klebestellen des Aquariensilikons übrigblieben.

Eine besondere Beachtung erfahren jedoch die Weichschildkröten: Sie benötigen eine hohe Schicht Sand zum Eingraben. Bei ihrer Haltung sind wir also gezwungen, den erhöhten Pflegeaufwand hinsichtlich des Bodengrundes zu betreiben.

Rückwände

Möchte man die Rückwände optisch aufwerten, eignen sich zum Beispiel die schon

Chrysemys picta bellii, die Westliche Zierschildkröte, ist sowohl im Freiland als auch im Zimmerbecken ein aktiver Sonnenanbeter. Ihrem Licht- und Wärmebedürfnis ist auf jeden Fall Rechnung zu tragen.

Die Chinesische Streifenschildkröte (*Ocadia sinensis*) wird im Handel auch oft unter der Bezeich-nung Bunte Dreikielschildkröte angeboten. Sie ist gut für die Haltung in Aquaterrarien geeignet

Ist der großflächige Wasserteil eines Aquaterrariums mit Kletterhilfen wie Wurzeln ausgestattet, können auch solch weniger gewandten Schwimmer wie Dach-Moschusschildkröten bei höherem Wasserstand gehalten werden. Günstig ist es, wenn sie bereits als Jungtiere daran gewöhnt werden. Adulte Neuzugänge sollten erst bei niedrigem Wasserstand gehalten werden.

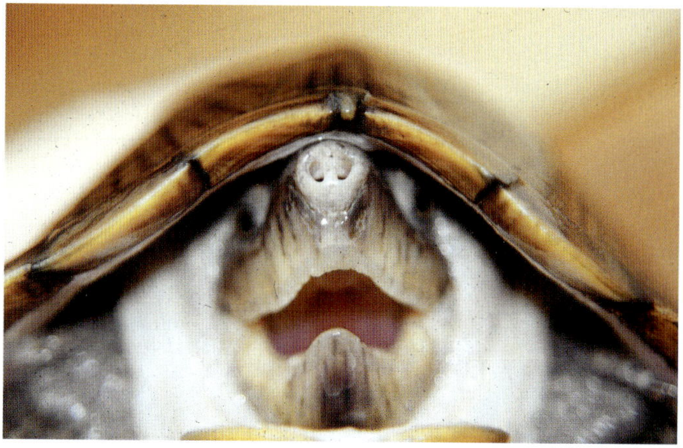

oben erwähnten Aquarienrückwände aus gefärbtem Styropor. Zur Befestigung eignet sich Aquariensilikon. In diesem Zusammenhang gleich eine Bemerkung zum Verarbeiten des Silikons. Es sollte angestrebt werden, daß dieses Material nicht für die Schildkröten erreichbar ist. Eines meiner Weichschildkröten-Weibchen zeigte stets ausgeprägtes Interesse, alles auf Freßbarkeit zu prüfen. So zerstörte sie die eigentlich stabile Styropor-Rückwand und verschluckte ein wurmförmiges Silikonstück. Das Fressen blieb für mich zunächst unerkannt, doch konnte ich einen Tag später einen Teil aus der Kloake ragen sehen.

Problemlos konnte ich das komplette Stück der Länge nach vorsichtig herausziehen. Aber nicht immer kann so etwas glimpflich wie in diesem Fall ausgehen.

Pflanzen

Pflanzen werden von den meisten Menschen als gewünschte optische Bereicherung angesehen und oft bei der Beckeneinrichtung berücksichtigt.

Grundsätzlich muß man bedenken, daß Schildkröten jegliche Bepflanzung ignorieren. Das heißt, sie beschädigen das Grün durch Darüberlaufen, Hindurchschwimmen oder Anfressen. Möchte man dennoch nicht auf Pflanzen verzichten, müssen diese für unsere Pfleglinge unerreichbar angebracht werden.

Geeignet sind zum Beispiel über dem Wasser hängende Äste, an denen die Zierpflanzen oder ihre Behälter befestigt werden. Möglich ist auch ein Blumenkasten, der an der stabilen Rückwand über dem Wasserteil angebracht wird und das gewünschte Grün enthält.

Empfehlenswert sind alle Pflanzenarten, die nicht giftig sind oder die Wasserschildkröten durch Stacheln, Dornen oder andere Anhängsel verletzen könnten. Ich verwende beispielweise den kleinblättrigen, kletternden *Ficus pumila*, die Efeutute und in Jungtier-Becken Zyperngras. Für kleinere Exemplare können auch Javamoos, Wasserpest und Hornkraut als Versteckmöglichkeit ins Wasser gelegt werden. Möchte man auf künstliche Bepflanzung zurückgreifen, steht dem Interessenten natürlich eine breite Palette aus der Zubehörindustrie zur Verfügung.

Sonneninsel

Viele Wasserschildkröten sind aktive „Sonnenanbeter“, die auch bei Zimmerhaltung die Möglichkeit haben müssen, sich unter einer künstlichen Licht- und Wärmequelle aufwärmen zu können. Der Sonnenplatz sollte leicht erreichbar sein und besteht beispielsweise aus einem aus dem Wasser ragenden Stein, einer Natursteinplatte, einer Wurzel oder ähnlichem. Wichtig ist, daß alle Aufbauten stabil verankert sein müssen, um ein Verrutschen und damit eine Verletzungsgefahr für die Schildkröten zu unterbinden. Je nach Anzahl der in einem Becken gehaltenen Exemplare muß die Sonneninsel groß genug sein, um allen ausreichend Platz zu bieten. Alternativ bietet sich eine zweite Insel an.

Schlafplatz

Als Schlaf- und Ruheplatz richten wir einen Flachwasserbereich ein. Dieser kann in Form von eingeklebten Glasscheiben, sicher liegenden Steinen oder Wurzeln bestehen. Hier ruhen die Tiere und können in dieser Phase der geringen Aktivität durch bloßes Ausstrecken des Halses die Wasseroberfläche zum Atmen erreichen. Als weitere Möglichkeit bieten sich für junge Schildkröten Pflanzen- oder Algenpolster an. Bewährt hat sich in meinen Becken der Einsatz von Korkröhren. An einem Ende am Landteil befestigt, versinkt das andere Ende leicht im Wasser. Der griffige Kork kann nun leicht erklettert und als Sonnenplatz genutzt werden. Das Innere der Röhre wird stets zum Schlafen aufgesucht.

Pseudemys concinna benötigt als Schmuckschildkröte eine hohe Lichtfülle sowie leistungsfähige Wärmestrahler zum Erreichen der „Betriebstemperatur“.

Wasserstand

In puncto Wasserhöhe werden die unterschiedlichsten Standpunkte vertreten: Es gibt Faustformeln wie „doppelte Panzerbreite“ oder Argumente wie „nur so tief, daß die Schildkröte den Wasserspiegel mit ausgestrecktem Hals erreichen kann“. So wird vielen Wasserschildkröten nicht selten nur ein flacher Wasserstand zugemutet, da sie als schlechte Schwimmer gelten und dementsprechend gehalten werden sollen. Doch wie verhalten sich solche Schildkröten in der Natur?

Meiden sie instinktiv Gewässer mit einer Wassertiefe über 10 cm? Nein. Ich denke, daß es weniger auf den niedrigen Wasserstand im Schildkrötenbecken ankommt, sondern vielmehr darauf, wie leicht die Schildkröten das Wasser verlassen bzw. an die Oberfläche gelangen können. Hat eine weniger gewandte Schwimmerin wie beispielsweise die Moschusschildkröte eine Möglichkeit, über leicht ansteigende Uferbereiche die Wasseroberfläche zu erreichen, kommt sie ohne Probleme mit einem Wasserstand von etwa 50 cm zurecht. Besteht ein Wasserschildkrötenbehälter aus vier senkrechten glatten Wänden, kann es aber durchaus zu Schwierigkeiten kommen.

Das Problem in der Terrarienhaltung ist wie so oft der Platz: Nicht viele Schildkrötenhalter haben die Möglichkeit, unendlich lange Becken zu bauen (und zu bezahlen), um sacht ansteigende Ufer zu berücksichtigen.

Einzige Alternative ist oft ein kleinerer Wasserbehälter, der aus vier „Steilwänden“ besteht. Daher ist in vielen Fällen nur ein geringerer Wasserstand möglich (< 20 cm). Pflegt man jedoch Exemplare von deren Babyalter an ist es durchaus realisierbar, die Tiere mit zunehmendem Alter an immer größere Wassertiefen zu gewöhnen. So kommen beispielsweise meine Dach-Moschusschildkröten (*Sternotherus carinatus*) problemlos mit einem Wasserstand von 50 cm zurecht. Besondere Vorsicht sollte man aber bei adulten Neuerwerbungen walten lassen! Wurden diese vorher jahrelang bei Wasserständen von 20 cm gehalten, kann man sie nicht sofort in einem Becken mit 50 cm Wassertiefe unterbringen. Beobachten Sie die Tiere genau und ziehen Sie die entsprechenden Konsequenzen.

Mit schwimmbegeisterten Arten wie etwa aus den Reihen der Schmuck-, Zier- und Höckerschildkröten wird man solche eventuellen Probleme nicht haben. Als Bewohner größerer Gewässer wie Flüsse und Seen kann man ihre Schwimmkünste auch im heimischen Aquaterrarium bewundern. Sie sollten schon als Jungtiere ein großes Wasservolumen zur Verfügung haben, um die Muskulatur zu trainieren.

Terrarientechnik

Heizung und Beleuchtung

Technik ist bei der Haltung von Reptilien unverzichtbar, um in der Hauptsache solche lebenswichtigen Faktoren wie Lichtqualität und Temperatur zu steuern.

Bei unseren Pfleglingen handelt es sich um wechselwarme Tiere. Ihre Körpertemperatur ist von der Umgebungstemperatur abhängig. Die Wärmeentwicklung in den Schildkrötenbehältern regeln wir durch die Beleuchtung und bei Bedarf zusätzlich mit einer Wasserheizung. Für die Erwärmung des Wassers stehen handelsübliche Heiz-

stäbe aus der Aquaristik zur Verfügung. Neuere Modelle verfügen am oberen Ende über einen kleinen Regler, mit dem man bis auf das halbe Grad genau die gewünschte Temperatur einstellen kann. Diese Heizertypen haben sich in meinen Becken bisher mehrfach bewährt. Die Zubehörindustrie stellt für die Terraristik Heizkabel und -matten her. Letztere können unter sehr kleinen (Aufzucht-)Becken als Wärmequelle installiert werden. Ansonsten finden diese beiden Artikel bei mir keine Verwendung.

Für den Landteil eines Wasserschildkrötenbeckens bevorzuge ich bei Bedarf zusätzliche punktuell ausgerichtete Strahler. Sie gewährleisten, daß es insgesamt ein größeres Temperaturgefälle gibt (Oberfläche ist wärmer und trockener als die tieferen Bereiche). Unterschiedlich warme und feuchte Stellen im Landteil bieten den legewilligen Weibchen einen größeren Rahmen für die Eiablage.

Die Beleuchtung in unseren Aquaterrarien kann aus Strahlungs- und Leuchtstofflampen kombiniert werden. Letztere für die Simulation des Tageslichts, Strahler in ihrer Funktion als Wärmequelle. Dabei muß folgendes berücksichtigt werden: Die Lichtintensität im Freiland ist wesentlich höher als im Zimmer. Selbst wenn ein Schildkrötenterrarium in unmittelbarer Fensternähe steht, ist der Lichtverlust schon beträchtlich - auch wenn es das menschliche Auge nicht wahrhaben möchte. Dies hat für eher versteckt lebende Arten wie beispielsweise aus den Reihen der Kinosterniden wenig Bedeutung, aber Sonnenanbeter wie die Schmuck-, Höcker- und Zierschildkröten sollten nicht zu dunkel gehalten werden.

Leuchtstoffröhren gibt es im Handel in unterschiedlichen Ausführungen. Die dem Tageslicht am nächsten kommenden Typen werden für unsere Zwecke den Vorrang erhalten. Zur Erhöhung der Lichtintensität können über der Röhre Reflektoren installiert werden. Geeignet dafür sind gewölbte Aluminiumbleche in der Länge der Lampen.

Die handelsüblichen Bleche spiegeln das von der Röhre nach oben strahlende Licht. Die Leuchtstoffröhre „Life-Glo" der Firma Hagen hat bereits eine integrierte Reflektorschicht und erspart eine zusätzliche Reflektionseinrichtung. Die Röhre ist aber so in ihre Fassung zu drehen, daß besagte Beschichtung oben liegt, ansonsten wirkt sie in der falschen Richtung.

Werden Lampentypen mit UV-Strahlung verwendet, sind sie maximal 30 cm über dem Wasserbecken zu montieren. Bei größeren Entfernungen verlieren diese Spezialröhren an Kraft, und das ultraviolette Licht dringt nicht bis zu den Tieren vor (RAUH, 2000). Auch ist die Lebensdauer einer solchen Leuchtstofflampe mit UV-Anteil derzeit noch sehr mager; nach etwa sechs Monaten läßt ihre Wirkung nach und eine neue Röhre wird notwendig.

An dieser Stelle gleich einige Bemerkungen zu ultraviolettem Licht. Die Meinungsverschiedenheiten um die Notwendigkeit oder den Verzicht von UV in der Terraristik schwelen schon lange. Manche sehen in ihr ein absolutes Muß. Andere Reptilienhalter wiederum erreichen sehr gute Hal-

Zeitschaltuhren sind in der Terraristik nützliche kleine Helfer. Mit ihnen steuern wir Beleuchtung und Heizung.

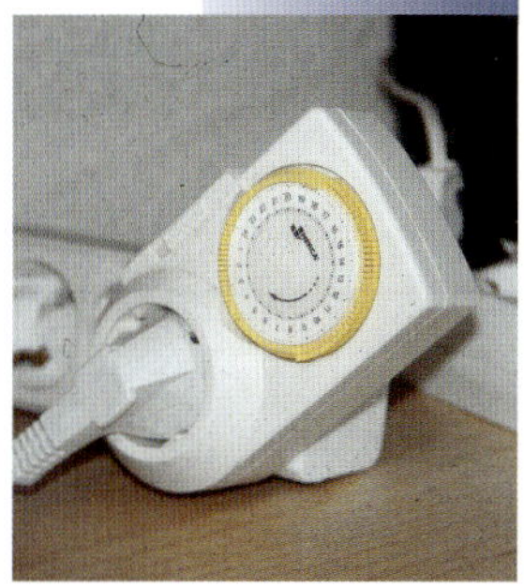

tungs- und Nachzuchtergebnisse, ohne jemals gezielt künstliches ultraviolettes Licht eingesetzt zu haben. Ich selbst (und mit mir auch viele andere Wasserschildkrötenhalter) gehöre zur zweiten Gruppe. In meinen Zimmerbecken kamen noch nie UV-Röhren bzw. -Lampen zum Einsatz. Auf der anderen Seite gewähre ich den sonnenhungrigen Wasserschildkrötenarten in meinem Bestand einen regelmäßigen Freilandaufenthalt.

So kam es in den vielen Jahren meiner Wasserschildkrötenhaltung nie zu Komplikationen, die auf fehlendes UV-Licht zurückzuführen waren. Meine Tiere hatten auch nie rachitische Knochen- oder Panzerverformungen.

Die schon erwähnten Wärmestrahler sind für die meisten Arten unverzichtbar, um die notwendige „Betriebstemperatur" zu erreichen. Gerade bei der Haltung von häufig im Zoohandel angebotenen Schmuckschildkröten muß man direkt am Sonnenplatz für hohe Temperaturen sorgen. Um ein konkretes Beispiel zu nennen: Meine Florida - Rotbauchschmuckschildkröten (*Pseudemys nelsoni*) liegen ausdauernd unter einem Strahler, in dessen Kernbereich bis zu 45°C herrschen! Sonneninseln werden auch von trächtigen Weibchen aufgesucht, um neben einer hochwertigen Ernährung die für ihre Eiproduktion notwendige Energie zu bekommen. Dazu gehören auch Wasserschildkröten, die sich in der Regel kaum aktiv sonnen (wie Moschusschildkröten, *Sternotherus sp.*).

Im Freiland sind es die Sonnenstrahlen, welche die Wärmefunktion übernehmen. Für die Zimmerterrarien können wir auf verschiedene Strahlertypen zurückgreifen. Für versteckt lebende und dämmerungsaktive Arten nehme ich beispielsweise einfache 60W-Spotstrahler, die etwa 15 bis 25 cm über dem Sonnenplatz befestigt werden. Für intensiveres Licht eignen sich HQI- und HQL-Strahler (zum Beispiel 150W HQI). Neben einer hohen Wärmeentwicklung erzeugen sie ausgesprochen helles Licht (und dazu auch UV-Strahlen [RAUH, 2000]). Vor ihrem Einsatz informieren Sie sich aber bitte im fachkundigen Handel nach den dafür notwendigen Vorschaltgeräten und Fassungen. Beides sollte der gewählten Lampenleistung angepaßt sein. Im Zweifelsfall ist der Anschluß dieser Strahler in die Hände eines Elektrikers zu legen.

In den letzten Jahren kamen auch vermehrt Halogenlampen aus der Wohnraumbeleuchtung zum Einsatz. Dabei handelt es sich sowohl um niedervoltbetriebene Strahler (Betrieb über Transformator) als auch um Bautypen mit normaler Fassung. Beide eignen sich für unsere Zwecke. Achten Sie beim Einbau der Strahler darauf, daß sie nicht mit Wasser in Kontakt kommen.

Bei allen Themen zur Beleuchtung und Wärme sollte aber nicht bezweckt werden, daß überall im Becken rund um die Uhr konstante Temperaturen herrschen. In der Natur können die Wasserschildkröten zwischen unterschiedlichen Temperaturbereichen wählen. Entweder sonnen sie sich, halten sich im flachen warmen Uferbereich ihrer Gewässer auf oder tauchen in tiefere Wasserschichten mit wesentlich kühleren Bereichen ab. In einem gleichmäßig beheizten Aquaterrarium steht ihnen diese Möglichkeit nicht zur Verfügung. Nun läßt sich ein entsprechendes Temperaturgefälle in kleinen Becken kaum realisieren. Doch

ist auf jeden Fall darauf zu achten, daß wenigstens nachts eine Absenkung erfolgt, beispielsweise durch das Ausschalten der (Wasser-)Heizung. Um die technischen Einbauten zu steuern, setzen wir Zeitschaltuhren ein. Sie ersparen uns das tägliche manuelle Ein- und Ausschalten von Beleuchtung und Heizelementen. Es gibt unterschiedliche Bautypen. Je nach Geldbeutel sind analoge oder digitale Bautypen mit verschiedenen Funktionen möglich. Zur Temperaturkontrolle nutzen wir Thermometer. Auch sie gibt es in verschiedenen Ausführungen im Aquaristikbereich der Zoofachgeschäfte. Werden Glasthermometer eingesetzt, sind sie sicher vor den Schildkröten zu installieren. Denn Exemplare mit kräftigen Kiefern können es mit Futter verwechseln und zerknacken. Neben den Glassplittern sind es bei älteren Quecksilberthermometern auch die Inhaltsstoffe, die den neugierigen Tieren zum Verhängnis werden können.

Blick unter das große Aquaterrarium beim Verfasser. Ein Außenfilter befreit das Wasser weitestgehend von Schwebeteilchen; oben links ist der Beckenabfluß zu erkennen.

Filter

Beim Einsatz von Filtertechnik sollte eines klar sein: Sie erreichen keine Reinigungsleistung wie in der Aquaristik. Im Gegensatz zu Fischen benötigen Wasserschildkröten ein Vielfaches der Filterleistung ohne jemals im Ergebnis die gleiche Qualität wie in Zierfischbecken zu bekommen. Es ist wohl möglich, mit leistungsstarken Filtern eine stabile Qualität ohne häufigen Wasserwechsel zu erreichen. Aber dazu sind riesige Becken mit minimalem Tierbesatz die Voraussetzung. Dennoch haben Filter viele nützliche Eigenschaften im Sinne der Wasserschildkrötenhaltung. Sie befreien das Wasser von Schwebeteilchen, welche in Form von Hautfetzen, Kot und Futterresten immer vorhanden sind. Auch andere (Schad-)Stoffe werden von zahlreichen Bakterien, die sich mit der Zeit in der Filtermasse bilden, zum Teil abgebaut. Aber eben nur teilweise, so daß regelmäßige Wasserwechsel zwingend notwendig sind. Je nach Beckengröße und Schildkrötenbesatz muß das Wasser dementsprechend oft komplett ausgetauscht werden. Die Notwendigkeit ist individuell unterschiedlich und kann nicht auf eine standardisierte Formel gebracht werden. Im Rahmen der Reinigungsarbeiten werden auch die Filter mit ihren Einsätzen (spezielle Watte, Schaum-

Überdachtes Freilandterrarium zur Haltung und Zucht der Europäischen Sumpfschildkröte (*Emys orbicularis*) bei SIEGL. Bereits im Frühjahr sind die Temperaturen durch den Gewächshauseffekt höher als bei einer nicht geschützten Anlage.

stoff, Tonkugeln, -röhren, Topfkratzer aus Plastik) gereinigt. Grober Schmutz wird herausgespült. Zu bemerken ist dabei, daß ein zu gründliches Reinigen die Bakterienkulturen zerstört. In einem solchen Fall müssen sie sich erst wieder neu bilden und verzögern die maximal mögliche Wasserklärung. Meine Filter werden entleert, grobe Schmutzpartikel abgewaschen und die Filtermasse einmal kurz durchgespült. Hinderlich in der Praxis erwiesen sich die Schlauchleitungen, durch die das Wasser befördert wird. An deren Innenseiten setzen sich allmählich Schmutzteilchen und Algen fest. Diese verringern nach einigen Monaten den Schlauchdurchmesser und degradieren den Fluß zu einem kleinen Rinnsal. Füttert man Pflanzen, tritt das Problem schneller auf. Hier helfen nur aufwendige Reinigungsarbeiten, zum Beispiel mit einer sehr dünnen und langen Flaschenbürste. Etwas Abhilfe schaffen kann man mit einem dickeren Schlauch. Er verzögert ein Zusetzen der Leitung.
Die Zubehörindustrie bietet eine breite Palette an Filtern an. Man kann zwischen Innen- und Außenfiltern wählen. Erstgenannte sind wesentlich preiswerter, lassen sich schneller reinigen, besitzen jedoch ein geringeres Umwälzvolumen. Außen- bzw. Topffilter sind größer und leistungsfähiger, aber eben auch teurer. Für deren Installation sind zudem weiteres Zubehör wie die schon genannten Schläuche sowie – je nach Fabrikat – Absperrventile notwendig. Die Anschaffung lohnt sich aber auf alle Fälle für Schildkrötenbecken ab 100 cm Länge. Ein Vorteil ist zudem, daß man sie gut in Schränken „verstecken" kann; Innenfilter nehmen entweder im Wasserteil Platz weg oder hängen etwas hinderlich am oberen Beckenrand. Verwendet man Außenfilter, sollte ein wichtiger Gefahrenpunkt beachtet werden. Der im Wasserbecken befindliche Ansaugstutzen, in der Regel durch einen Plastikkorb geschützt, wurde schon so mancher Wasserschildkröte zum Verhängnis. Der Schutzkorb kann durch neugierige Exemplare abgerissen und ein Bein bzw. Fuß regelrecht eingesogen werden. Die so gefangenen Schildkröten konnten sich nicht mehr befreien und ertranken. Noch ein kleiner Hinweise für den Einsatz von Topffiltern: Hat man den Filter gereinigt und schließt ihn wieder an, benötigt er oft noch einige Stunden, bis er optimal läuft. Zu Beginn befinden sich noch häufig Lufteinschlüsse im Inneren, die beim Betrieb ein röhrendes Geräusch hervorbringen. Durch kurzes Ankippen des Topffilters verschwindet schon ein Großteil der eingeschlossenen Luft.

Wasserwechsel

Ein technisches Thema ist auch die Art und Weise des Wasserwechsels.
Kleine handliche Aquarien mit wenig Wasser können getragen und komplett ausge-

kippt werden. Anschließend werden sie wieder an ihren Platz gestellt und beispielsweise mittels Wassereimer aufgefüllt. Aber das geht wirklich nur gefahrlos und rationell mit sehr kleinen Behältern. Größere Becken bis 70 Liter Wasser können noch halbwegs zügig mit der Mund-Schlauch-Eimer-Methode entleert werden. Allerdings werden hier sicherlich die Mediziner vor möglichen Infizierungen mit schädlichen Bakterien warnen.

Besser ist es, eine Pumpe zu benutzen, die innerhalb kurzer Zeit größere Mengen Altwasser schnell befördern kann. Der Zulauf frischen Wassers kann entweder aufwendig mit Eimern oder schneller mit einer Schlauchverbindung erfolgen. Am effektivsten sind ein Abfluß im Beckenboden sowie ein Zulauf direkt am Schildkrötenbehälter. Es wird aber nur wenige Liebhaber geben, deren Anlage in einem (separaten) Raum mit Wasseranschluß steht. Die 450 Liter Wasser meines Aquaterrariums im Wohnzimmer entsorge ich über einen integrierten Abfluß, der direkt in die Kanalisation mündet. Für temperiertes Frischwasser wird kurzfristig ein Gartenschlauch an der Mischbatterie meiner Dusche angeschlossen. Ein Komplettwasserwechsel mit Reinigung dauert so weniger als eine Stunde.

Aufenthalt im Freilandterrarium

Hat man die Möglichkeit, im Garten eine Freianlage zu bauen, sollte dies genutzt werden. Vorausgesetzt man pflegt Wasserschildkröten, die nicht aus tropischen Regionen stammen.

Seitlicher Blick auf die Freilandanlage; zum Schutz vor Überhitzung durch starke Sonneneinstrahlung wurden Lüftungsmöglichkeiten vorgesehen.

Für einen saisonalen Freilandaufenthalt sind beispielsweise die Europäische Sumpfschildkröte (*Emys orbicularis*) sowie Schmuck- (*Trachemys, Pseudemys*), Höcker- (*Graptemys*) und Zierschildkröten (*Chrysemys*) aus den nördlichen USA geeignet. Unterarten aus den Südstaaten und insbesondere Florida halte ich jedoch für weniger tauglich. Dazu sind unsere deutschen Sommer nicht konstant warm genug und zu feucht. Daher halte ich solche Arten wie die häufig im Zoohandel erhältliche Südliche Zierschildkröte (*Chrysemys picta dorsalis*) und die Florida-Rotbauchschmuckschildkröte (*Pseudemys nelsoni*) als nicht für den Teich geeignet. Die Gewöhnliche Moschusschildkröte *Sterno-*

Vollsonnig liegender Teich zur Haltung von Wasserschildkröten bei SIEGL; das Schilf wurde mittig im Wasserteil angepflanzt und bietet gut strukturierte Bereiche. Der Sonnenplatz in Form einer aus dem Wasser ragenden Wurzel ist vorn rechts (leicht verdeckt). Die Umgrenzung mit Maschendrahtzaun erhielt eine nach innen überstehenden Erweiterung, um eventuelle Fluchtversuche zu unterbinden.

therus odoratus ist auch eine Art, die im Sommer in ein Freilandterrarium gesetzt werden kann. Allerdings wird man sie dann kaum mehr beobachten können. Es sei denn, man lauert ihr in der Dunkelheit mit einer Taschenlampe auf.

Als Standort für den Teich bietet sich ein vollsonniger Platz an, der möglichst wenig durch Bäume, Sträucher oder Gebäude beschattet wird. Schon die ersten Sonnenstrahlen des Tages sollten den Schildkrötenteich berühren und möglichst lange auf ihm ruhen. Das ist wichtig für die Erwärmung des Wassers, aber natürlich auch für die notwendigen Sonnenbäder unserer Pfleglinge.

Die Temperaturschwankungen werden bei einem solchen Gewässer zwar wesentlich von der Sonne geprägt, dennoch können wir im kleinen Rahmen noch Einfluß darauf nehmen. Richten wir Flachwasserzonen ein, erwärmt sich das Wasser dort schneller als in tieferen Bereichen. Überhaupt ist das Temperaturgefälle im Teich ähnlich wie in der Natur. Das Oberflächenwasser ist wärmer als die wenig sonnendurchfluteten tieferen Wasserschichten.

Ein Vorteil für die Wasserschildkröten, können sie doch so zwischen unterschiedlich temperierten Bereichen ihren bevorzugten Aufenthaltsort wählen. Der gleiche Vorteil kann jedoch vollkommen zerstört werden, wenn man Teichfilter bzw. -pumpen einsetzt. Diese nehmen in der Regel Wasser an der tiefsten, also kühlsten Stelle im Teich auf. Das kalte Wasser wird nach oben gepumpt und gelangt über Zuläufe oder Springbrunnen in das warme Oberflächenwasser. Dabei kommt es zu einer Vermischung der verschiedenen Wärmegrade, und man senkt auf diesem Weg die Durchschnittstemperaturen der oberen Wasserschichten. Man erreicht den negativen „Staudamm-Effekt“ (Staudämme erlauben nur den Durchfluß des kalten Tiefenwassers. Die vor dem Dammbau gemessenen Wassertemperaturen des Flusses werden so massiv unterschritten. Die ehemals reiche Artenvielfalt ist unterhalb von Staudämmen extrem niedriger, da die für die meisten Tiere notwendigen Wärmegrade nicht mehr erreicht werden.

Aktuellstes Beispiel aus dem Bereich der Schildkröten ist *Rafetus euphraticus*, die Euphrat-Weichschildkröte. Seit dem Bau des Atatürk-Dammes ging ihr Vorkommen stark zurück [GRAMENTZ 1993, TASKAVAK & REIMANN 1998]. Auch in Deutschland gibt es ähnliche Negativbeispiele, die sich auf wasserabhängige Fauna und Flora auswirken).

Ein Filterbetrieb im Schildkrötenteich ist daher nicht zu empfehlen. Der Tierbesatz sollte zugunsten einer stabilen Teichqualität eher niedrig gehalten werden.

Positiv für höhere Temperaturen in unseren Teichen ist eine lichtdurchlässige Abdeckung. Gerade in Übergangszeiten mit wechselhaftem Wetter ist es praktisch, im Bereich des Teiches ein weniger schwankendes Kleinklima festzustellen.

Die mit Glas- oder Plexiglas abgedeckten Freilandanlagen werden schon bei geringer Sonneneinstrahlung aufgeheizt und sind somit wärmer als die freiliegende Umgebung. Auf diese Weise können wir den Teichaufenthalt der Schildkröten verlängern. Auf der anderen Seite ist darauf zu achten, daß es nicht zu einer Überhitzung der Anlage kommt. Entweder wird manuell gelüftet oder bedient sich der in Gartenmärkten erhältlichen Lüftertechnik, wie sie für Gewächshäuser angeboten wird.

Für den Teichbau selbst bieten sich Fertigteiche aus Kunststoff oder Teichfolien für die flexible Anpassung an den vorhandenen Platz an. Beton ist auch möglich, benötigt aber längere Bearbeitungszeiten. Zudem sind der spätere Abriß und die Entsorgung aufwendiger. Ich bevorzuge Folien, da die fertig vorgeformten Teiche häufig zu steilwandig sind und nur schmalste Flachwasserbereiche besitzen. Gartenteichfolien gibt es in verschiedenen Stärken; je dicker desto teurer – aber auch stabiler.

Kleiner Fertigteich zur Wasserschildkrötenhaltung beim Verfasser. Die an der Oberfläche treibenden Algenpolster werden von halbwüchsigen Schildkröten auch als Sonnenplätze genutzt. Zum Schutz vor anderen neugierigen Tieren erhielt der Teich ein Vogelschutznetz. Es liegt auf drei Aluminiumstäben, die das Wasser überspannen.

Zur Errichtung des zukünftigen Schildkrötendomizils wird zunächst eine Grube in der Form ausgehoben, wie sie später einmal das Profil des Teiches darstellen soll. Flachwasserbereiche werden bereits jetzt genauso eingeplant wie Sumpfzonen für Pflanzen. In die Grube ragende Wurzeln

Die Gewöhnliche Moschusschildkröte (*Sternotherus odoratus*) kann in der Sommersaison im Freilandterrarium gehalten werden; allerdings gibt es dann kaum mehr Möglichkeiten, sie dort zu beobachten.

oder scharfkantige Steine werden großzügig entfernt. Ansonsten besteht die Gefahr, daß solche Fremdkörper die Folie beschädigen.

Ist der Teich erst einmal gefüllt, drücken die Wassermassen die Folie fest auf den Untergrund und damit auch gegen vorhandene spitze Gegenstände. Zur Sicherheit kann auch vor dem Verlegen der Folie eine dicke Lage Sand eingebracht werden.

Als tiefste Stelle für den zukünftigen Teich können etwa 40 bis 50 cm eingeplant werden. Natürlich sind auch noch tiefere Bereiche realisierbar, doch sollte die Wasserfläche in einem gesunden Verhältnis dazu stehen. Es ist nicht ratsam, einen circa fünf Quadratmeter kleinen Schildkrötenteich über einen Meter tief auszuheben. Den daraus resultierenden Wasserstand erachte ich vielmehr für eine Wasseroberfläche von mindestens 15 qm als erstrebenswert. Denn ein Aspekt sollte beim Bau berücksichtigt werden: Es sollten leicht ansteigende Teichränder angelegt werden. Steile Ufer hatten in der Vergangenheit schon Wasserschildkröten das Leben gekostet. Warum? Sind die Wassertemperaturen nach einer längeren Kälteperiode niedrig und die Reptilien mangels Wärmequelle ohne „Betriebstemperatur" und Energie, haben sie keine Kraft zum Auftauchen. Sie sind klamm und schaffen es nicht, am rutschigen Steilufer an die Wasseroberfläche zu kommen. Sie müssen ertrinken.

Auf diese Weise verunglückten bei so manchem Halter schon einige Exemplare. In der Konsequenz empfehle ich leicht ansteigende und griffige Teichränder.

Für rauhe Böden eignen sich beispielsweise rutschfest liegende Natursteinplatten, im nicht einsehbaren Bereich auch ausrangierte Gehwegplatten. Die Teichtiefe sollte auch keine Überlegungen zur Winterruhe im Freiland zulassen. In älterer Literatur wird erwähnt, daß Schildkröten in Teichen ab einem Meter Wasserstand überwintern können. Ich vertrete die Meinung, daß bei Freilandüberwinterungen in Deutschland mit dem Leben der Wasserschildkröten gespielt wird. Das hiesige Klima ist einfach nicht dafür geschaffen. Es gibt lange naßkalte Phasen im steten Wechsel mit sonnigen Wintertagen. So kann es vorkommen, daß sich die Tiere im Januar sonnen, aber dann vom plötzlichen Kälteeinbruch überrascht werden. Gewiß haben einige Halter ihre Pfleglinge jahrelang so über den Winter

Freilandanlage beim Verfasser. Sonnenplätze befinden sich sowohl in der Mitte als auch an den Teichrändern. Das Gras schwimmt auf der Oberfläche; dessen Wurzelballen bieten Schlafplätze für die Wasserschildkröten. Wegen der Lage am Zaun wurde der Teich nicht komplett mit Palisaden umgrenzt. Der Holzzaun erhielt nach innen ragende Plastikstreifen gegen Überklettern sowie im unteren Bereich eine Sicherung mit Maschendrahtzaun. Letzterer ist besser durch einen kompletten Sichtschutz zu ersetzen.

gebracht. Das kann auch mehrere Perioden gut gehen, aber irgendwann schaffen es die Schildkröten doch nicht mehr und sterben an den gesundheitlichen Folgen.

Eine kontrollierte Überwinterung bei niedrigen Temperaturen im Haus ist sicherer. Genauso wie im Zimmerbecken müssen natürlich auch im Teich Sonnenplätze geschaffen werden. Dazu verwenden wir sicher liegende Baumstämme (komplett oder der Länge nach halbiert), Steinplatten, Wurzeln oder eventuell rauhe Bretter (auch wenn Letztere nicht sonderlich attraktiv aussehen).

Ideal wäre eine Sonneninsel, wenn sich die Wasserschildkröten bei vermeintlicher Gefahr sofort ins tiefe Wasser stürzen können. Dabei berühre ich einen Aspekt, der die Freilandhaltung mit sich bringt. Viele recht zutrauliche Exemplare werden schon kurze Zeit nach begonnenem Teichaufenthalt scheu und beweisen dies mit erhöhter Fluchtdistanz. Das beobachte ich regelmäßig auch bei meinen Schildkröten. Während der Zimmerhaltung sonnen sie sich ausgiebig und lassen sich auch nicht stören, wenn ich unmittelbar vor dem Becken stehe.

Dagegen flüchten sie während ihrer Haltung im Freilandterrarium sofort, wenn sie mich aus etwa zehn Metern Entfernung entdecken. Manche kommen nach anfänglicher Flucht in Erwartung von Futter wieder angeschwommen, die meisten beobachten mich jedoch zunächst zögerlich vom Wasser aus.

Die Südliche Zierschildkröte, *Chrysemys picta dorsalis*, ist kaum für eine Teichhaltung geeignet. Neben der Zimmerhaltung im Aquaterrarium sind geschützte, mit (Kunststoff-) Glas überdachte Anlagen zweckmäßig.

Bei Zimmerhaltung legen sie dieses Verhalten sehr schnell wieder ab.

Damit die Schildkröten nicht fliehen können, ist die Freianlage entsprechend zu umzäunen. Verwendung können hier Holzpalisaden, hochkant gestellte Gehwegplatten, Ziegel- und Legesteinmauern, dicke Plastikplatten oder auch

Moschusschildkröten (*Sternotherus odoratus*) zeigen ihre ursprüngliche Abwehrreaktion und sondern beim Fang den ihr eigenen Geruch ab - ein Umstand, der ihr in den USA den Namen „Stinkpot" einbrachte. Dieser „Duft" ist für menschliche Nasen übelriechend und leicht stechend.

Bleche finden.

Glasscheiben und Maschendrahtzäune sind weniger geeignet, da die Wasserschildkröten immer wieder versuchen, diese durchsichtigen Hindernisse zu passieren. Wichtig beim Bau ist das Vermeiden von spitzwinkligen Ecken, da die Tiere hier einen Ansatzpunkt zum Überklettern finden können. Gestalten Sie solche Ecken lieber halbrund. Wer ganz sicher gehen möchte, kann am oberen Rand der Abgrenzung nach innen überragende Bretter oder Hartplastikstreifen installieren. Ansonsten haben sich Umfriedungen mit einer Höhe von etwa 40 cm bewährt. Am natürlichsten

Blick auf die Teichanlage beim Verfasser; die Palisaden sind stabil im Boden verankert, um ein Umkippen zu verhindern. Da sich in der vorhandenen Anlage Teichmolche (*Triturus vulgaris*) ansiedelten und reproduzierten, wurde für sie ein Ersatzgewässer geschaffen. Es befindet sich hinter den Palisaden und wurde erfolgreich angenommen.

gliedern sich noch Holzpalisaden und Legesteinmauern in den Garten ein. Ich habe bevorzugt Palisaden mit etwa 14 cm Durchmesser verbaut. Dünnere Modelle faulen schneller und können wegbrechen, sobald man sich auf sie lehnt oder sogar nur eine Katze darauf springt. Für eine zusätzliche Stabilisierung habe ich jedes Teil mit je einem 50 cm langen Moniereisen (vom Schrottplatz) versehen. Zehn Zentimeter tief in das untere Ende der Palisaden geschlagen, ankern die verbliebenen 40 cm tief im Erdreich. Diese Konstruktion erwies sich mehrjährig als robust, stabil und außerdem attraktiv.

In Teichen mit Schmuckschildkröten werden sich wie in den Zimmerbecken kaum Pflanzen halten. Lediglich junge und halbwüchsige Tiere verschonen die Bepflanzung aus Schilf, Binsen, Seerosen oder Schwimmpflanzen wie Wasserlinsen („Entengrütze“) und Schwimmfarn. Ein befreundeter Schildkrötenhalter gab mir einmal Wasserminze für meine Freilandanlage. Er versicherte mir, daß selbst die Schmuckschildkröten nichts davon fressen würden. Da hatte er jedoch die „Rechnung“ ohne meine Rotwangen gemacht...

Bei Schwimmpflanzen und Seerosen ist zu bedenken, daß sie den Teich beschatten und eine zügige Erwärmung des Wassers verhindern.

Das Verhalten der Schildkröten ist individuell verschieden und einige Pflanzen werden sofort gefressen, andere ignoriert. Hier helfen nur experimentelle Versuche. Je größer ein Schildkrötenteich ist, um so höher ist die Wahrscheinlichkeit, daß genügend Pflanzen existieren können, um das Gewässer für menschliche Augen schön aussehen zu lassen. Natürlich können auch vorhandene Landteile bepflanzt

Holzpalisaden fügen sich relativ harmonisch in den Garten ein. Beim Bau sollten nach Möglichkeit Modelle ab 12 bis 14 cm Durchmesser berücksichtigt werden; dünnere Palisaden faulen schneller durch.

Fluchtbereit hält sich die Gelbwangen-Schmuckschildkröte (*Trachemys scripta scripta*), um bei vermeintlicher Gefahr blitzschnell im Wasser des Freilandteiches zu verschwinden. Der Länge nach halbierte Baumstämme haben sich als Sonnenplätze bei mir sehr gut bewährt; sie liegen sicher, bieten eine griffige Oberfläche und sehen natürlich aus.

werden. Dazu eignen sich viele ungiftige Arten, die auch einem optisch nicht attraktiven Schildkrötenteich einen grünen Rahmen geben können. Allerdings halte ich nichts von immergrünen Koniferen und anderen standortfremden Gewächsen. Diese haben für unsere einheimische Fauna - besonders für die Insekten - keinerlei Nutzen. Dabei gibt es durchaus interessante Pflanzen aus unserer Region, die so ganz nebenbei zahlreiche Wirbellose anlocken. Und welche Wasserschildkröte freut sich nicht über in den Teich fallende schmackhafte Anflugnahrung?

Pflegt man in einem Schildkrötenteich auch weibliche Exemplare, sollte ein sonniger und von Bewuchs freigehaltener Eiablageplatz aus Sand eingerichtet werden. Wenngleich viele Weibchen bei Freilandhaltung nicht zur Eiablage schreiten, sollte man für eine solche Situation dennoch gerüstet sein. Förderlich ist es, den Sand als kleinen Hügel zu gestalten.

Immer wieder taucht beim Thema Freilandhaltung die Frage nach „gefährlichen Tieren" auf, die den Schildkröten Schaden zufügen könnten.

Grundsätzlich muß gesagt werden, daß „Fressen-und-Gefressen-werden" in der Natur oft eine Frage der Größe ist. Erinnern wir uns an die zahlreichen Dokumentationsfilme, die zeigen, wie die frisch geschlüpften Meeresschildkröten von den Strandkrabben erbeutet werden. Sie sind

größer und kräftiger. Ab einer bestimmten Größe fressen aber die Seeschildkröten wiederum die Krebstiere.

Ein anderes Beispiel aus dem hochinteressanten Reich der Krokodile: Als Jungtiere haben sie viele Freßfeinde, zum Teil aus den eigenen Reihen. Je größer sie werden, desto kleiner wird der Kreis ihrer Gegner (mal vom Menschen abgesehen) und sie stellen ihrerseits eine Gefahr für andere Tiere dar.

Genauso trifft es viele Süßwasserschildkröten: Als Babys bzw. Jungtiere gehören sie oft zum Beutespektrum größerer Tiere wie Vögel, Raubsäuger und auch Reptilien. Sind sie einmal ausgewachsen, steht ihnen eine geringere Feindanzahl gegenüber. Ähnlich kann man es mit ihrer Haltung in den mitteleuropäischen Freilandanlagen sehen. Jungtiere mit geringer Panzerlänge wären mögliche Beute für Elstern, Graureiher, Steinmarder, Füchse und Katzen. Aber ich warne vor übertriebener Angst! Manche Schildkrötenhalter verfallen allein bei dem Gedanken an eventuelle Freßfeinde in blanke Panik und vertreiben sämtliche Tiere, die in unserer ohnehin verbauten Umwelt kaum noch Lebensraum finden. Da geraten selbst Igel oder sogar die kleinen Spitzmäuse in Verdacht, über die Wasserschildkröten herzufallen.

In Siedlungsbereichen kann es vorkommen, daß Steinmarder und eventuell Rotfüchse durch den Garten streifen. Aber zu einer Zeit, wenn viele Panzerträger am Grunde des Teiches schlafen. Gibt es in unmittelbarer Nähe Hunde, verringert sich die Wahrscheinlichkeit eines Besuches durch einheimische Raubsäuger ohnehin. Der eigene Hund ist allerdings auch ein neugieriges Tier, welches eine an Land weilende Wasserschildkröte möglicherweise als Spielzeug ansieht. Richtig erzogen, kann man diese „Gefah-

Einfacher Überwinterungsbehälter für *Sternotherus odoratus*. Zur Hälfte mit feuchtem unbehandeltem Rindenmulch gefüllt, wird der Haushaltseimer in einen kühlen Raum gestellt. Damit die Schildkröten nicht austrocknen, wird das Substrat überprüft und gegebenenfalls mit einem Pflanzensprüher nachbefeuchtet.

Die einzeln zu haltenden Dach-Moschusschildkröten (*Sternotherus carinatus*) bleiben während der Winterzeit im Zimmerbecken. Die Wasserheizung bleibt für mehrere Wochen abgeschaltet, die Beleuchtung stark reduziert oder ganz ausgestellt.

Chrysemys picta bellii (auf der Abbildung ein Männchen mit deutlich langem Schwanz) wurde bei mehreren Schildkrötenhaltern bisher erfolgreich in Behältern mit flachem Wasserstand und auch mit feuchtem Rindenmulch überwintert. Meine Tiere haben während der Ruhezeit Temperaturen von maximal 8 °C.

renquelle" aber leicht unterbinden. Katzen könnten für kurze Zeit Interesse an einer auf dem Landteil liegenden Schildkröte haben. Aber erbeutete Mäuse bewegen sich wesentlich flinker und lösen den Spieltrieb der Stubentiger viel leichter aus als eine bewegungsarme Schildkröte. Aus den Reihen der größeren Vögel sind es eigentlich nur die Elstern, welche unmittelbar in Siedlungen nisten und in deren Beuteschema kleine Schildkröten passen. Andere Krähenvögel sind nur häufiger im Winter anzutreffen. Graureiher überfliegen oft die Städte, ohne sich aber direkt zwischen den Häuserzeilen auf den Boden wagen. Sie haben eine hohe Fluchtdistanz. Bei den Nagetieren ist es nach meiner Meinung nur die Wanderratte, die anderen Tieren Schaden zufügen könnte. Sie kommt allerdings bevorzugt nur in städtischen Bereichen vor, die ihr mit Komposthaufen und ähnlichen Nahrungsquellen eine Lebensgrundlage bieten.

Insgesamt gesehen, kann man einen Übergriff durch einheimische Tiere nicht ausschließen. Die Wahrscheinlichkeit ist aber sehr gering. Ich habe in mittlerweile zehn Jahren saisonaler Freilandhaltung noch nie eine Schildkröte durch Freßfeinde eingebüßt. Schutz für den „Fall der Fälle" erlangt man durch ein simples Vogelschutznetz aus dem Gartenmarkt, als stabilere Ausführung bietet sich ein Holzrahmen mit Maschendraht als Abdeckung an.

Ein Vogelnetz ist übrigens auch sehr gut dazu geeignet, im Herbst das einfallende Laub über dem Teich abzufangen.

Beachten Sie aber beim Anlegen eines Teiches – egal ob für Schildkröten, Amphibien oder Fische – daß keine Kinder darin verunglücken können! Sichern Sie ihn gegen unkontrolliertes Betreten und weisen Sie größere Kinder auf die Gefahr des Ertrinkens hin.

Abschließend noch einige Bemerkungen zum Betrieb der Freilandteiche. Auch sie müssen von Zeit zu Zeit gereinigt werden, am besten bei einem kompletten Wasserwechsel. In meiner Praxis bewährte es sich, diesen einige Wochen vor der Sommersaison durchzuführen. Das Wasser wird abgelassen (entweder mit Tauchpumpe oder manuell mit Eimern, wenn sich Amphibien angesiedelt haben) und die sich am Boden angesammelte Laub- und Substratschicht entfernt. Diese ist meist schlammig und faulig; der Geruch ist dementsprechend. Zweckmäßig ist es, eine kleine Wasserlache übrigzulassen und den Teich nicht bis auf den letzten Tropfen zu leeren. Hier können sich im Wasser lebende Wirbellose und auch Insektenlarven zurückziehen. Einige von ihnen werden später unseren Wasserschildkröten als willkommene Nahrung dienen.

Winterruhe

Reptilien haben sich in ihren Aktivitätsrhythmen dem Klima ihrer Verbeitungsgebiete angepaßt. Arten aus Europa oder weiten Teilen Nordamerikas haben im Sommerhalbjahr ihre aktive Phase, hier erlauben Wärme und Nahrungsangebot die Fortpflanzung. Den Winter mit entsprechend niedrigen Temperaturen und äußerster Nahrungsknappheit verbringen sie ruhend in ihren Verstecken. Der Stoffwechsel ist mangels benötigter Wärme auf ein lebenserhaltendes Minimum „heruntergefahren" und erlaubt die monatelange Überwinterung bei lebensfeindlichen Wetterbedingungen.

Tropische Arten sind solchen Extremschwankungen weniger unterworfen. Bei ihnen gliedert sich ein Jahr in Trocken- und Regenzeiten bei weniger ausschlagenden Temperaturschwankungen.

Manche Reptilien passen sich diesen Bedingungen zum Beispiel durch Trockenruhen an. In menschlicher Obhut ist dem Bedürfnis nach Ruhezeiten Rechnung zu tragen, auch bei ausschließlicher Zimmerhaltung. Das ist Voraussetzung für langjährig gesunde Schildkröten und wichtig für die Reifung von Spermien und Eizellen.

Gewiß leben einige Wasser- und auch Landschildkröten 20, 25 oder noch mehr Jahre in Menschenobhut, ohne jemals eine Winterruhe erlebt zu haben. Diese zweifelhaften Einzelfälle gibt es immer wieder. Doch ist es förderlich für eine gesunde Schildkröte?

Der erste Schritt für die richtige Überwinterung ist der Blick in das Verbreitungsgebiet unserer Pfleglinge. Welches Klima herrscht dort? Ein (Klima-)Atlas, das Internet oder Haltungsberichte in Fachzeitschriften beantworten diese Frage. Die so herausgefundenen Klimaschwankungen müssen bei der Haltung berücksichtigt werden.

Hält man entsprechende „Überwinterungskandidaten", werden im Herbst zu-

nächst die Beleuchtungszeit verkürzt und alle Wärmequellen heruntergefahren. Bei einer zum Beispiel zwölfstündigen Beleuchtungszeit erfolgen über einen Zeitraum von zwei Monaten wöchentliche Kürzungen um je eine Stunde, um die nach dieser Zeit verbliebenen vier Stunden sofort auf Null zu reduzieren. Auf diese Weise werden meine Wasserschildkröten auf die kühle Periode vorbereitet. Die Futterrationen werden parallel dazu verringert. Stehen die Zimmerbecken in Wohnräumen mit entsprechender Sonneneinstrahlung, reagieren die Schildkröten zu dieser Jahreszeit bereits auf die kürzere Tageslichtlänge. Sie werden etwas ruhiger und wirken insgesamt nicht mehr so aktiv wie sonst.

Stammen die gehaltenen Arten aus einem Verbreitungsgebiet mit milden Wintern, genügt meist eine etwa achtwöchige Ruhezeit bei abgeschalteter Beleuchtung und Heizung. In dieser Zeit wird einmal pro Woche gefüttert

Wasserschildkröten aus Regionen, die durch richtig kalte Winter mit langanhaltenden Minusgraden gekennzeichnet sind, werden in separate Überwinterungsbehälter umgesetzt.

Es gibt zwei Varianten. Zum einen die Unterbringung in einem Behälter mit Wasser (Wasserstand nur so hoch, daß die Schildkröten leicht zum Atmen kommen) oder in feuchtem Substrat. Hier gibt es unterschiedliche Erfahrungswerte. Ich überwintere einen Großteil meiner Tiere in mit Wasser gefüllten Behältern.

Meine *Sternotherus odoratus* dagegen überwintern komplikationslos in Eimern mit feuchtem, ungedüngtem Rindenmulch.

Andere Liebhaber dagegen setzen beispielsweise auch *Chrysemys picta bellii* in feuchtes Substrat und erzielen damit sehr gute Ergebnisse. Wurden die Tiere nun einzeln in ihren Eimern, kleinen Aquarien, Plastikboxen oder ähnlich geeigneten Behältnissen untergebracht, überführt man sie in einen kühlen, frostfreien Raum. Das können Kellerräume sein, schwach beheizte Nebengelasse oder Bodenkammern. Günstig sind Temperaturen zwischen drei und acht Grad Celsius über einen Zeitraum von etwa acht bis zwölf Wochen. Förderlich ist es, wenn die Behälter abgedeckt oder in luftdurchlässige Schränke gestellt werden. So vermeidet man Störungen durch häufig angeschaltetes Licht (ausgenommen die Beleuchtung zu Kontrollzwecken).

Um zu erkennen, ob die Pfleglinge ausgerechnet in dieser Phase erkranken, überprüfen wir einmal wöchentlich deren Gesundheitszustand. Das darf nicht mit einer umfangreichen Untersuchung und einem intensiven Handling geschehen. In einer solchen Situation werden die Schildkröten massiv gestört. Vielmehr kontrollieren wir mit einem Blick in die Behälter, ob Hautveränderungen zu erkennen sind, die Augen nicht verquollen erscheinen oder die Schildkröte insgesamt einen besorgniserregenden Eindruck macht.

Im Verdachtsfall nehmen wir sie auch einmal vorsichtig in die Hand, um einen möglichen Gewichtsverlust festzustellen. Sollten anormale Veränderungen entdeckt werden, ist die Winterruhe abzubrechen. In Zeiten, wo Häuser zentralbeheizt werden und Keller extrem gut wärmegedämmt sind, mangelt es oft an geeigneten

kühlen Räumen. Hier erwies sich immer öfter ein Kühlschrank als geeignete Überwinterungskammer. Schildkröten in diesen ursprünglich den Lebensmitteln vorbehaltenen Objekten unterzubringen, erscheint für Laien sicherlich abstrakt und gewöhnungsbedürftig.

Aber ein Kühlschrank ist eigentlich nichts anderes als eine Klimabox, deren Eigenschaften wir uns zunutze machen. Er ist regelbar und gewährleistet über einen bestimmbaren Zeitraum eine konstante Temperatur. Die Verfahrensweise des Einwinterns verläuft hier genauso wie schon beschrieben, nur daß die Überwinterungsbehälter mit den Schildkröten dann im Kühlschrank stehen. Zuvor sind über einen mehrtägigen Zeitraum die Wärme- bzw. Kältegrade in den verschiedenen Regalfächern zu messen, da je nach Fabrikat ein zum Teil merkliches Temperaturgefälle festgestellt werden kann.

Während des Aufenthaltes im Kühlschrank reicht ein einmaliges Öffnen pro Woche zum Lüften. Wenn er noch für herkömmliche Zwecke (Lagerung von Lebensmitteln, Filmen, Medikamenten) genutzt wird, erübrigt sich ein zusätzlicher Lüftungszwang.

Zum Einhalten der nach menschlichem Ermessen hygienischen Bedingungen werden die Überwinterungsbehälter natürlich von den Lebensmitteln getrennt plaziert (also keine geöffneten Verpackungen unmittelbar neben die Schildkröten legen). Ansonsten ist die eventuelle Ansteckung mit Bakterien meines Erachtens im täglichen Umgang mit den Pfleglingen größer als in der Zeit der Kühlschranküberwinterung.

Lassen sich Einzeltiere noch ohne Platzprobleme zusätzlich in „normal genutzten" Kühlschränken unterbringen, kaufen Schildkrötenhalter mit größerem Tierbestand separate Geräte (größtenteils gebraucht und daher preiswert).

Das Beenden der Winterruhe passiert in umgekehrter Reihenfolge wie die Vorbereitung zu ihr. Die Schildkröten werden zunächst mit ihren Überwinterungsbehältern in einen zimmertemperierten Raum überführt. Nach etwa einem weiteren Tag erfolgt die Unterbringung in ihren Aquaterrarien. Es kann allerdings auch vorkommen, daß in Substrat überwinterte Tiere noch längere Zeit zum Aufwachen benötigen. So dauert es bei einem meiner *Sternotherus-odoratus*-Weibchen bei Zimmertemperaturen von über 20°C noch mindestens drei Wochen bis zur wiedergefundenen Aktivität.

Die Beleuchtungszeit bzw. -intensität wird in den folgenden maximal vier Wochen auf das vor der Überwinterung übliche Maß erhöht.

Gefüttert wird auch wieder abwechslungsreich und hochwertig, damit die Schildkröten verlorene Energie wiederfinden. Bei geschlechtsreifen Exemplaren hat dies gewichtige Gründe für die erfolgreiche Fortpflanzung.

Vermehrung

Geschlechtsunterschiede

Bei den meisten Wasserschildkrötenarten lassen sich die Geschlechter nur bei adulten Exemplaren eindeutig bestimmen. Optimal ist eine Geschlechtsbestimmung, wenn man die Merkmale von Männchen und Weibchen direkt miteinander vergleichen kann. Bei Jungtieren ist eine sichere Differenzierung schwierig.

Ein Unterscheidungsmerkmal ist der Schwanz. Bei männlichen Schildkröten ist dieser (zum Teil wesentlich) länger und an der Schwanzwurzel breiter bzw. dicker als bei Weibchen.Die Analöffnung liegt außerhalb des hinteren Panzerrandes, bei weiblichen Exemplaren befindet sie sich noch unter dem Rand. In der Regel sieht man diese Kennzeichen bei mehrjährigen Tieren.Bei *Graptemys nigrinoda* und *Sternotherus odoratus* beispielsweise verdeutlichen sich diese Formen schon nach etwa einem Jahr. Ein praktisches Merkmal zeigen die nordamerikanischen Schmuckschildkröten (*Trachemys, Pseudemys*), deren Männchen stark verlängerte Vorderkrallen besitzen. Diese sind wichtig für die artspezifischen Balzspiele. Das Wachstum der Krallen beschleunigt sich etwa bei einer Carapaxlänge von 10 bis 12 cm. Ab diesem Zeitpunkt sind die männlichen Exemplare als solche erkennbar. Auch sind die Männchen im Alter kleiner als die Weibchen (ebenso bei *Chrysemys picta*, *Graptemys* sp., *Emydura subglobosa*, *Chelodina mccordi* und andere).

Ein weiteres Geschlechtsmerkmal, wenn auch nicht bei allen Schildkröten zutreffend, ist das nach innen gewölbte Plastron der Männchen. Vergleicht man die Geschlechter bei alten Exemplaren aus der

1.1 Bei vielen Wasserschildkrötenarten können die Schwänze als Unterscheidungsmerkmal der Geschlechter herangezogen werden. Männchen besitzen längere und an der Basis breitere Schwänze als weibliche Exemplare. Sehr deutlich sieht man dies bei der Rotbauch-Spitzkopfschildkröte, *Emydura subglobosa*.

1.2 Hier deutlich zu sehen, weibliche Spitzkopfschildkröten haben wesentlich kürzere Schwänze als die Männchen. Ihre Kloakenöffnung liegt zudem unterhalb des Panzerrandes.

2.1 Die Schwänze von männlichen McCords Schlangenhalsschildkröten (*Chelodina mccordi*) sind länger und breiter als die der Weibchen. Doch ist der Unterschied bei weitem nicht so eindeutig erkennbar.

2.2 Weibliche *Chelodina mccordi* besitzen zum Teil nur einen unwesentlich kürzeren Schwanz als Männchen. Bei beiden Geschlechtern wirkt er fast gleich groß.

3.1 Nordamerikanische Schmuckschildkrötenmännchen zeigen stark verlängerte Krallen an den Vorderfüßen; sie sind wichtig für das anmutige Balzspiel. Im Bild eine männliche Antillen-Schmuckschildkröte, *Trachemys terrapen*.

3.2 Die Männchen der Hieroglyphen Schmuckschildkröte (*Pseudemys concinna*) schwimmen zur Balz über das auserwählte Weibchen und berühren mit den zitternden Krallen ihr Gesicht. Zu diesem Zweck sind auch bei ihnen die Vorderkrallen stark verlängert.

4.1 Bei den Dach-Moschusschildkröten (*Sternotherus carinatus*) erkennt man beim Blick auf ihr Plastron ein weiteres Geschlechtsmerkmal: Die Bindegewebsnähte sind bei Männchen breiter.

4.2 Weibliche *S. carinatus* besitzen schmalere Bindegewebsnähte als die artgleichen Männchen.

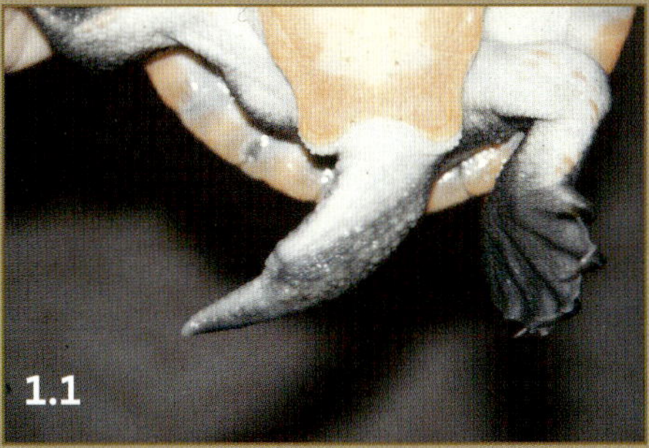
1.1

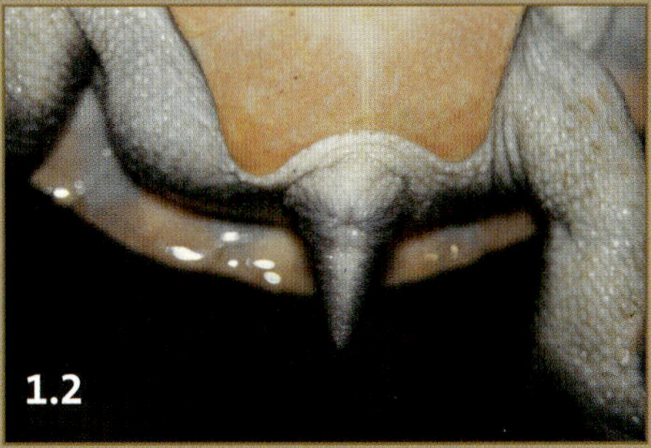
1.2

2.1

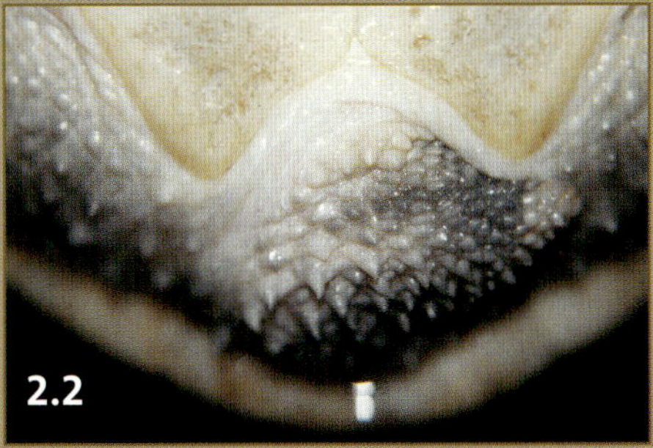
2.2

3.1

3.2

4.1

4.2

Familie der Schlamm-/Klappschildkröten (*Kinosternidae*) erkennt man die größeren und wuchtigen Köpfe der männlichen Tiere. Vergesellschaftet man mehrere geschlechtsreife Wasserschildkröten in einem Becken, können sich die Männchen durch ihr Verhalten zu erkennen geben. Sie balzen ihre Mitbewohner an (artgleiche und -fremde Schildkröten) und reiten auch auf. Gelegentlich stülpen sie unter Wasser ihren unübersehbaren Penis aus.

Das Erreichen der Geschlechtsreife hängt auch nach meiner Erfahrung eher mit einer bestimmten Größe als mit dem Alter zusammen. Viele der kleiner bleibenden Männchen erreichen dieses Entwicklungsstadium früher als die größeren Schildkrötenweibchen. Allerdings variiert es von Art zu Art und hängt auch von den Haltungsbedingungen (Temperatur- und Futterangebot) ab, sodaß ich keine verallgemeinernde Aussage zum Eintritt der Geschlechtsreife treffen möchte.

Möchte man seine Pfleglinge einmal zur Vermehrung bringen, sollten mehrere Jungtiere gekauft werden. So hat man die Chance, beide Geschlechter darunter zu haben. Überzählige Männchen oder Weibchen können später immer noch mit befreundeten Schildkrötenliebhabern getauscht werden. Ich praktiziere es so, daß ich beim Kauf von Babys mindestens drei bis vier Exemplare nehme.

Nachzucht

Die Krönung der Wasserschildkrötenhaltung ist die erfolgreiche Nachzucht der gehaltenen Art(en). Voraussetzung sind natürlich Tiere beiderlei Geschlechts, die zur Paarung zusammengeführt werden müssen. Besitzt man nur Männchen oder Weibchen, hat es sich schon oft bewährt, Zuchtgruppen mit Tieren anderer Schildkrötenhalter zu bilden. Dazu werden beispielsweise Männchen leihweise in vorhandene Weibchengruppen gesetzt, um es nach den erfolgreichen Verpaarungen wieder zurückzugeben. Im Gegenzug werden dann vielleicht einige aus den Paarungen hervorgegangenen Jungtiere an den Halter des Männchens abgegeben.

Gerade bei Arten, von denen es in menschlicher Obhut einen Überhang an männlichen oder weiblichen Exemplaren gibt, haben sich solche vorübergehenden Zuchtgruppen als günstig erwiesen. Auf diese Weise kommt man auch zu sinnvollen Erhaltungszuchtprogrammen von in der Natur bedrohten Wasserschildkrötenarten, deren Überleben von verantwortungsvollen Tierliebhabern abhängen kann. Hat man das Glück, beide Geschlechter einer Art zu halten, sollten diese jedoch getrennt gehalten und nur zur Verpaarung zusammengesetzt werden.

Die Begründung liegt in der fast immer vorhandenen Paarungsbereitschaft der männlichen Schildkröten. Bei einer Vergesellschaftung bedrängen sie die Weibchen häufig und setzen sie damit unter Streß. In ihren Heimatgewässern können sie den allzu aufdringlichen Männchen aus dem Weg gehen, in einem räumlich begrenzten Aquaterrarium haben sie diese Möglichkeit nicht. Selbst in größeren Wasserbecken ohne ständigen Sichtkontakt der Tiere verkünden geruchliche Spuren die Anwesenheit der Männchen. Häufig gehen die Streßreaktionen so weit, daß sich weibliche Wasserschildkröten nur noch auf dem

Landteil aufhalten, weil sie sich nicht mehr in das Wasser trauen. Das bedeutet Dauerstreß und wird auch mit verminderter Nahrungsaufnahme begleitet. Spätestens zu diesem Zeitpunkt sind miteinander vergesellschaftete Geschlechter sofort zu trennen! Die separate Unterbringung der Männchen hat auch einen weiteren gewichtigen Vorteil: Weibchen zeigen eine höhere Paarungsbereitschaft und man erhält in deren Folge bessere Nachzuchtergebnisse. Auch ich erreichte seit der Geschlechtertrennung bei meinen Pfleglingen positive Effekte.

Paarung

Die Paarungszeit bei vielen Arten fällt in die Zeit nach der Winterruhe, ins Frühjahr. Zu diesem Zeitpunkt setze ich Männchen und Weibchen für etwa ein bis zwei Wochen zusammen. Dabei kann es mehrfach zu Paarungen kommen.

Je nach Art verläuft diese entweder recht ruppig und überfallartig (*Pelodiscus sinensis, Mauremys mutica, Sternotherus carinatus*) oder wird mit einem anmutigen Balzspiel vorbereitet (*Trachemys scripta scripta, T. s. elegans, Chrysemys picta dorsalis*). Bei Gelb- und Rotwangen-Schmuckschildkröten zum Beispiel schwimmt das paarungswillige Männchen frontal vor das ausgewählte Weibchen, streckt seine Vorderfüße mit den verlängerten Krallen nach vorn und „streichelt“ mit zitternden Bewegungen die Wangen der Partnerin. Läßt diese sich davon beeinflussen, kommt es schnell zur Kopulation. Bei der Hieroglyphen-Schmuckschildkröte (*Pseudemys concinna*) erfolgt die Balz ähnlich, nur daß sich das mit den Krallen zitternde Männchen nicht vor dem Weibchen positioniert, sondern in gleicher Richtung über ihm schwimmt.

Noch graziler und anmutiger erfolgt das Werben bei den Chinesischen Pfauenaugenschildkröten (*Sacalia quadriocellata*). Das balzende Männchen stellt sich vor die Partnerin und beginnt mit dem „Treteln“: Es bewegt abwechselnd seine Vorderbeine, ähnlich einem „Auf-der-Stelle-laufen“. Dabei streckt es den Kopf sehr weit nach oben, um ihn gleich darauf wieder schnell zu senken. Dieses Ablaufschema wiederholt sich mehrmals - bis das umworbene Weibchen darauf eingeht oder ignorierend davonschwimmt. Mangelt es an artgleichen Weibchen, werden schon mal fremde

Zur Verpaarung, wie hier bei *Sternotherus odoratus*, werden die Männchen mit den weiblichen Exemplaren vergesellschaftet. Sind sie paarungsbereit, kommt es bei einigen Arten sofort zur Kopulation, andere hingegen beginnen zunächst ein Balzspiel.

Weichschildkröten zeigen vor der eigentlichen Paarung kein Balzverhalten; das Männchen stürzt sich auf das Weibchen, verbeißt sich in ihren Hals und vollführt die Kopulation.

Arten und auch andere Männchen angebalzt. Bei einer Reihe von Wasserschildkrötenarten verläuft die Paarung weniger harmonisch. Dazu gehört unter anderem die Chinesische Weichschildkröte (*Pelodiscus sinensis*). Hier reitet das Männchen schnellstmöglich auf, legt die Hinterfüße trichterförmig unter den Schwanz des Weibchens und stellt Kloakenkontakt her. Dabei verbeißt es sich im vorderen Panzerrand oder in den Hals der Partnerin. Auch bei meinen Tieren kam es dabei schon zu kleinen Verletzungen.

Bei der Dach-Moschusschildkröte *Sternotherus carinatus* wird das Weibchen hartnäckig verfolgt, bis das männliche Tier schnell und überfallartig aufreitet. Auf gleiche Weise verlaufen Paarungen bei der Gewöhnlichen Moschusschildkröte, *Sternotherus odoratus*. Hat man seine Schildkröten verpaart, werden die Männchen wieder in anderen Becken untergebracht.

Trächtigkeit und Eiablage

Besteht Verdacht auf eine Trächtigkeit der Weibchen („Verdacht" deshalb, weil nicht immer Paarungen beobachtet werden, da sie zum Beispiel nachts erfolgen), werden sie täglich mit abwechslungsreichem Futter versorgt. Das ist notwendig, um ihnen die notwendige Kondition für Eiablage und -produktion zu gewährleisten. Zum Ausgleich des erhöhten Kalziumbedarfs werden zerbröselte Hühnereischalen auf das Futter oder auch Sepiaschalenstücke ins Wasser gegeben. Neben der Aufnahme hochwertiger Nahrung beginnen nun auch viele Weibchen, sich häufiger zu sonnen.

Die Amboina-Scharnierschildkröte (*Cuora amboinensis*) hat soeben in den angefeuchteten Sand des Landteils ein einzelnes Ei abgelegt und schaufelt nun mit den Hinterbeinen die Grube wieder zu.

Selbst versteckt oder dämmerungsaktiv lebende Arten sonnen sich gelegentlich während der Trächtigkeit. In dieser Zeit achten wir auch besonders darauf, daß alle

Das *Sternotherus-odoratus*-Weibchen kletterte auf den Landteil, um eine Nistgrube anzulegen.

Streßfaktoren (insbesondere bei einer Vergesellschaftung mit anderen Wasserschildkröten) ausgeschlossen werden. Ob ein Weibchen Eier in sich trägt, läßt sich in vielen Fällen durch ein Abtasten (das Palpieren) feststellen. Dazu greift man das zu untersuchende Tier mit beiden Händen so am hinteren Panzerrand, daß es senkrecht „steht" und der Betrachter auf das Plastron blickt. Nun werden die Zeigefinger oberhalb der Hinterbeine ganz vorsichtig in die Bauchhöhle gesteckt. Sind Eier vorhanden, können die Eipole erfühlt werden. Es erfordert jedoch Erfahrung und Praxis, auf diese Weise eine sichere Trächtigkeit zu ermitteln. Auch ich hatte früher einige Probleme mit dem sicheren Erkennen. Aber bitte keine tägliche Kontrolle durch Palpieren! Schließlich dürfen die Weibchen nicht wegen unserer Ungeduld leiden.

Wenige Tage vor einer Eiablage gehen trächtige Tiere häufig an Land, um den potentiellen Eiablageplatz zu inspizieren. Zum Teil werden Probegrabungen durch-

geführt. Der vorbereitete Landteil muß den Anforderungen der Schildkröten genügen. Das setzt ein ausreichend warmes und feuchtes Substrat voraus. Ideal ist ein Landteil mit unterschiedlich temperierten Zonen. So können die Weibchen zwischen mehreren Temperaturbereichen wählen und sich eine bevorzugte Bodengrundqualität heraussuchen.

Ich erreiche dies durch einen (zusätzlich) installierten Spotstrahler über den Landteilen meiner Aquaterrarien. Im Kernbereich des Strahlers ist es logischerweise am wärmsten, zu den Randbereichen hin nimmt die Substrattemperatur ab. Eine andere Methode beschreibt MEIER(1997) mit seinem Einsatz von Heizmatten. An einem Ende des Landteils installiert, wurden auch auf diese Weise Temperaturstufen im Bodengrund erreicht. Von den Weibchen bevorzugt wurden die Bereiche zwischen 30 und 35°C.

Als Substrat im Landteil nutze ich Sand, wie er in den Baumärkten zu finden ist (ohne Zusätze). Diesen feuchte ich soweit an, bis er locker grabfähig ist. Er darf nicht staubtrocken und auch nicht tropfnaß sein. In beiden Fällen werden ihn die Weibchen nur selten als Eiablageplatz akzeptieren. Daher wird er angefeuchtet und stellt mit den beschriebenen Temperaturbereichen eine gute Grundlage für legewillige Weibchen dar. Unterschiedliche Feuchtigkeitsgrade erreiche ich bei großflächigen Landteilen durch eine Pflanze, deren Wurzelbereich eine höhere Sättigung mit Wasser besitzt. Dies nur als Möglichkeit, wenn den Schildkröten die anderen Bereiche schon zu trocken sein sollten (beispielsweise während der Urlaubszeit, wenn der Betreuer nicht auf dieses Thema hingewiesen wurde). Die Substrattiefe sollte mindestens der Carapaxlänge der Weibchen entsprechend. Auch wenn nicht alle Weibchen die Maximaltiefe nutzen, sollte man dennoch vorbereitet sein. Besonders bei meinen *Sternotherus odoratus* beobachte ich immer wieder, daß sie mit ihren Hinterbeinen so tief graben, bis sie fast senkrecht in der Grube liegen.

Trotz aller Vorkehrungen kann es passieren, daß die Weibchen legereife Eier in sich tragen, diese jedoch nicht ablegen. Es entsteht eine akute Legenot. Die Tiere laufen unruhig auf dem Landteil umher und wirken verstört. Falls sie die Eier unter diesen Umständen dennoch ablegen, geschieht dies wahllos auf der Sandoberfläche oder sogar im Wasser. Wenn man sie dort nicht rechtzeitig findet, fressen andere Wasserschildkröten die Eier. Kann man das im Wasser gefundene Gelege unbeschadet bergen, überführt man es in den Brutapparat. Trotz vorübergehenden Sauerstoffmangels können diese Eier noch zur Entwicklung schreiten. Verschiedene Ursachen können für die Legestörungen verantwortlich sein. Zum einen kann der Landteil nicht den notwendigen Anforderungen entsprechen; Substrattemperatur und -feuchtigkeit sind sofort zu überprüfen und gegebenenfalls zu korrigieren (höhere Temperatur, bessere Strukturierung der Bodenfeuchtigkeit).

Einen anderen Grund stellen streßbedingte Reaktionen durch Vergesellschaftung dar (paarungswillige Männchen, dominante und aggressive Schildkröten). Hier hilft nur sofortige Separierung, damit

Einen Tag nach der Ablage entdecktes Gelege von *Sternotherus odoratus*; die Eier zeigen bereits die auf eine Befruchtung hinweisende Bauchbinde. Das Gelege wird unter größter Vorsicht ausgegraben und - ohne die Eier zu drehen - in den vorbereiteten Inkubator überführt.

Eine Grillendose wurde mit dem Pflanzgranulat Seramis gefüllt und dient so als Eibehälter im Brutapparat. Die Eier wurden nach dem Ausgraben mit einem feinen Pinsel von anhaftendem Sand befreit und anschließend in den Eibehälter gebettet.

die betroffenen Weibchen zur Ruhe kommen. Einen weiteren Aspekt erwähnt MEIER (1997) - Kalziummangel und dessen negativen Einfluß auf die Kontraktionsfähigkeit der Muskulatur. Sollte, aus welchen Gründen auch immer, eine Legenot eintreten und keine der oben erwähnten Maßnahmen greifen, ist schnellstmöglich ein reptilienerfahrener Tierarzt aufzusuchen. Dieser röntgt das Weibchen und stellt fest, wieviele Eier sie trägt, ob selbige zu dick beschalt, zu groß, verwachsen und beschädigt sind oder der Beckengürtel zu eng ist (SASSENBURG 2000). Der kundige Veterinärmediziner wird die notwendigen Maßnahmen einleiten können, um das Leben der Schildkröte zu retten.

Inkubation und Schlupf

Das Bebrüten der Eier erfolgt in einem vorbereiteten Inkubator. Er ermöglicht es uns, die aus der Nistgrube geborgenen Eier kontrolliert zu zeitigen. Während der Entwicklung verpilzende sowie absterbende Eier können schnell entdeckt und beseitigt oder manchmal sogar noch gerettet werden. Stellt man erst später fest, daß Gelege unbefruchtet sind, sortiert man sie aus. Woran erkennt man eigentlich befruchtete Eier? Sie zeigen am Beginn ihrer Entwicklung zunächst einen weißen Fleck auf der Eimitte. Dieser vergrößert sich zu einer Bauchbinde und formt sich wie eine Zigarrenbanderole um die Längsseite des Eies. Allerdings gibt es auch hier die Einschränkung, daß dieses Erkennungsmerkmal nicht auf alle Eier zutrifft oder nicht überall so deutlich zu sehen ist.

Ein Brutapparat muß nicht teuer eingekauft werden, sondern kann im Selbstbau entstehen. Meinen ersten Inkubator baute ich mit recht einfachen Mitteln: Ein ausgedientes Vollglasaquarium erhielt einen im flachen Wasser installierten Heizstab, um die gewünschten Temperaturen zu erreichen. Optimal sind Heizstäbe mit genau regelbarer Temperatureinstellung. Alternativ eignen sich Thermostate, deren Meßfühler wir im Inkubator installieren. Ein auf der Seite liegender Ziegelstein wurde im flachen Wasserbad positioniert, um auf seiner Oberfläche die Eibehälter (kleine Plastikboxen) abzustellen. Über den Eiern habe ich eine dünne Plexiglasscheibe so schräg abgelegt, daß entstehendes Kondenswasser beim Ablaufen nicht auf die Gelege tropft. Den Abschluß bildet

In diesem Behälter liegen Eier der Großkopf-Schlammschildkröte, *Claudius angustatus*. Als Brutsubstrat wird Vermiculite genutzt. Auf der Eischale wurden mit Bleistift das eiproduzierende Weibchen sowie das Ablagedatum vermerkt.

eine Glasscheibe, die den gesamten Brutapparat abdeckt. Den Inkubator stellen wir an eine schattige Stelle im Wohnbereich, damit durch einfallendes Sonnenlicht kein Aufheizen des Behälters zu befürchten ist. Steigt die Temperatur in dem gewächshausähnlichen Brutkasten zu hoch, sterben die Eier ab. Es ist einfacher, einen kühlen Glasbehälter zu erwärmen als einen überhitzten abzukühlen. Zur Überwachung der Temperatur wird ein Thermometer in den Inkubator gelegt.

Als Eibehälter eignen sich kleine Kunststoffdosen wie Haushaltsboxen oder Futtertierpackungen („Grillendosen"). Als Brutsubstrat verwende ich das Pflanzgranulat Seramis. Es speichert sehr gut die notwendige Feuchtigkeit und bewährte sich bereits bei mehreren von mir gezeitigten Schildkrötengelegen. Wichtig ist das Berücksichtigen von kleinen Löchern an den Seiten der Eibehälter. Ansonsten nimmt das Granulat soviel Wasser aus der gesättigten Luft auf bis die Eier regelrecht schwimmen. Andere Reptilienhalter greifen erfolgreich auf Vermiculite zurück. Das silbergrau glänzende Substrat findet man mittlerweile in jedem Zoofachgeschäft mit Terraristikabteilung. Man mischt es 1:2 bis 1:3 (ein Teil Vermiculite und zwei bzw. drei Teile Wasser). Feuchter Sand kam ebenfalls schon als Brutsubstrat zum Einsatz.

Vorteilhaft ist es, den Inkubator einige Wochen vor der ersten Inbetriebnahme im Leerlauf zu testen. Eventuelle Mängel können so rechtzeitig erkannt werden, ohne die Entwicklung der Eier aufs Spiel zu setzen.

Entdecken wir nun eines Tages ein Weibchen bei der Eiablage, ist jede nur erdenkliche Störung zu unterbinden. Ein Beobachten der interessanten Situation ist lieber zu unterlassen, um den möglichen Abbruch nicht zu provozieren. Meist legen die Schildkröten ihre Eier in den späten Abendstunden, nachts oder sehr früh am Morgen. Insgesamt gesehen also Zeiten, bei denen wir sie eher selten überraschen. Um so mehr müssen wir erkennen, daß eine Ablage erfolgte. Besteht das Substrat im Landteil aus einfarbigem Sand, können beispielsweise dünne Schichten Erde oder andersfarbiger Sand über die Oberfläche gestreut werden. Sie geben Aufschluß über stattgefundene Grabetätigkeiten. Besteht Verdacht auf abgelegte Eier, graben wir vorsichtig an der vermuteten Stelle. Je tiefer man dabei kommt, um so behutsamer ist zu graben. Ansonsten besteht die Gefahr, eines oder gar mehrere Eier unwiederbringlich zu beschädigen. Entdecken wir die weißliche Schale des zuoberst liegenden Eies, wird das Gelege komplett freigelegt. Ein Ei nach dem anderen wird geborgen, mit einem feinen Pinsel von anhaftendem Bodensubstrat befreit und anschließend in den bereitstehenden Eibehälter gebettet. Die Eier dürfen nicht gedreht werden, denn die Keimscheibe fixiert sich innerhalb einiger Stunden oberhalb des Dotters. Wird sie nach dem Festsetzen in der Lage verändert, insbesondere wenn das Ei gedreht wird, stirbt der Embryo ab (vergleiche RUDLOFF 1990). Zur Sicherheit markieren wir mit

Schlüpfende *Sternotherus carinatus*; während manche Schildkröten in dieser Position noch ein bis drei Tage ausharren, kriechen andere in kürzerer Zeit vollständig aus dem Ei.

Chinesische Rothalsschildkröte, *Chinemys nigricans*, wenige Tage nach dem Schlupf. Der beim Verlassen des Eies noch vorhandene Dottersack wurde bereits resorbiert.

einem einfachen Bleistiftstrich (oder sogar mit dem kompletten Ablagedatum) die Eioberseite. Denn zeitigt man im Inkubator unterschiedlich alte Gelege, können schlüpfende Babys über jüngere Eier klettern und deren Lage ändern. Wurden die Eier zuvor markiert, können sie wieder in

Drohend reißt der Winzling das Maul auf. Auch bei dem winzigen Schlüpfling von *Claudius angustatus* ist der Dottersack bereits verschwunden.

die ursprüngliche Position gedreht werden. Bei den meisten Schildkrötenarten lassen sich die Geschlechter durch die Bruttemperatur beeinflussen. Es gibt einen sogenannten Scheitelpunkt, der über das Geschlecht „entscheidet". Über diesem Temperaturpunkt (differenziert je nach Art) erbrütete Eier bringen Weibchen hervor, bei niedrigeren Wärmegraden schlüpfen Männchen. Voraussetzung ist das Zeitigen bei konstanten Temperaturen. Im Bereich um 25 °C schlüpfen Männchen, bei 28 bis 29°C kommen weibliche hervor. Gibt es während der Inkubation Temperaturschwankungen, ist das Geschlechterverhältnis ungefähr gleich. So erhielt ich beispielsweise bei der Zeitigung von *Sternotherus-odoratus*-Gelegen mit schwankenden Bruttemperaturen (24 bis 28°C) ein fast ausgewogenes 50:50-Verhältnis von Männchen zu Weibchen.

Hält man die Temperaturen hauptsächlich bei über 29°C, steigt die Wahrscheinlichkeit für schwache und lebensunfähige Nachkommen. Die Inkubationszeit ist kürzer; Schlüpflinge haben größere Dottersäcke (unter anderem JOST & JOST 2000, SCHÄFER 2000). Letzteres konnte ich auch bei eigenen Nachzuchttieren feststellen. Das gezielte Erbrüten bestimmter Geschlechter hat den Vorteil, den vorhandenen Männchen- bzw. Weibchenmangel bei verschiedenen in Menschenobhut gehaltenen Arten positiv zu beeinflussen.

Allerdings auch hier keine Regel ohne Ausnahme: Es gibt Arten mit verschiedenen Geschlechtschromosomen. Die Bruttemperatur hat daher keinen Einfluß auf die Ausbildung der Geschlechter. Dazu zählen einige Weichschildkröten (unter anderem *Pelodiscus sinensis*) und die Kreuzbrustschildkröten, *Staurotypus* sp. (RUDLOFF 1990). Entwickeln sich die Embryos ungestört und ohne Komplikationen, kommt es eines Tages zum Schlupf der kleinen Schildkröten.

Die Dauer ist, wie oben schon erwähnt, hauptsächlich von der Zeitigungstemperatur abhängig. Die Inkubationszeit beträgt beispielsweise bei *Sternotherus odoratus*

82 bis 88 Tage (bei 23 bis 27°C), *Staurotypus triporcatus* 108 bis 225 Tage (28°C; SCHILDE 2000), *Clemmys guttata* 65 bis 70 Tage (24 bis 26°C; SCHÄFER 2000), *Trachemys scripta elegans* 60 bis 70 Tage (28°C; PAWLOWSKI 2000), *Mauremys mutica* 74 bis 75 Tage (27°C) bzw. 97 bis 99 Tage (ca. 25°C), *Cuora amboinensis kamaroma* 73 bis 79 Tage (28 bis 29°C;FELSNER2000).

Vom ersten Riß in der Schale bis zum Verlassen des Eies können mehrere Tage vergehen. Beim Schlupf haben sie eine Größe wie sie die Eihülle in ihrem Umfang zugelassen hat. In den darauffolgenden Stunden „entfalten""sie sich und werden etwas breiter. So können einige frisch aus dem Ei gekommene Schildkröten noch eine länglich Form besitzen, einige Zeit später eher kreisrund aussehen. Wir setzen die Babys in ein bereits eingerichtetes Becken, dessen Einrichtung dem der adulten Wasserschildkröten entspricht. Einzig die Beckengröße kann kleiner sein.

Vorteilhaft ist es, Versteckmöglichkeiten an der Wasseroberfläche einzurichten. Hier werden sich die Jungtiere bevorzugt aufhalten, wenn sie nicht gerade ein Sonnenbad nehmen oder im tiefen Wasserteil nach Nahrung suchen. Haben die Schlüpflinge noch einen großen Dottersack beim Schlupf, setzen wir sie zunächst in ein separates Becken bis er resorbiert ist. Ansonsten besteht die Gefahr, daß eine mit dem betroffenen Schlüpfling vergesellschaftete Wasserschildkröte in den Dottersack beißt oder das betroffene Jungtier ihn an einem Kork oder einer Pflanze aufreißt. Die Ernährung gestaltet sich abwechslungsreich mit kleinem Futter wie Mückenlarven, Wasserflöhen, jungen Grillen usw.

Schlupf von *Sternotherus odoratus*: Nach dem Anreißen der Eischale hat der Schlüpfling das Ei geöffnet. Stück für Stück vergrößert er die Öffnung und der erste Fuß schaut heraus. Der Eipol am Kopfende wurde abgesprengt, bald kommt das Moschusschildkrötenbaby komplett hevor. Kaum ein paar Stunden auf der Welt, ist am Plastron noch deutlich der kleine Dottersack zu sehen.

Natürlicher Lebensraum

Wasserschildkröten haben im Laufe ihrer Entwicklungsgeschichte Habitate verschiedenster Art besiedelt. In ihrer heutigen Form und Lebensweise haben sie sich den gegebenen Umweltbedingungen in ihrem jeweiligen Verbreitungsgebiet angepaßt. Sie fanden geeignete Gewässer in allen Teilen der Welt, die den wechselwarmen Reptilien die Möglichkeit zum Fortbestand der Art geben. Während das Klima in Europa eher wenigen Arten optimale Voraussetzungen bietet, bestechen das tropische Asien, Australien, Afrika, Nord- und Süd-amerika durch eine höhere Artenvielfalt. Wasserschildkröten nutzen neben natürlichen Gewässern auch künstlich vom Menschen geschaffene Lebensräume. Man findet sie in Fließgewässern wie Bächen, Quellen und Quellbereichen, Flüssen, Gräben und Kanälen sowie in Stillgewässern in Form von Tümpeln, stehenden Gräben, Altarmen, Teichen, Weihern, Seen und Stauseen.

Allen geeigneten Lebensräumen gemein ist das sonnenbestimmte Klima, welches den Wasserschildkröten wenigstens saisonal erlaubt, sich fortzupflanzen. Aber das sind nur die Rahmenbedingungen für den Arterhalt. Nahrungsangebot, Feinddruck, innerartliche Auseinandersetzungen, Qualität und Quantität der Eiablageplätze, Populationsgröße und vieles mehr bestimmen über die Wahrscheinlichkeit des Überlebens. Jede Art hat ihren bevorzugten Lebensraum und duldet gewisse Schwankungen bzw. Änderungen sowohl in der Populationsgröße als auch bei den Eigenschaften des Lebensraumes.
Vom Tage ihrer Geburt an ist eine Wasserschildkröte auf sich allein gestellt. Es gibt keine Brutpflege wie bei Vögeln oder vielen Säugerarten, wo die wenig entwickelten Jungtiere bis zu deren Selbständigkeit betreut werden müssen. Schildkröten müssen sofort für sich selbst sorgen.

Amazonas-Regenwald bei Manaus in Brasilien; Lebensraum großer Flußschildkröten wie *Podocnemis expansa* (Arrau-Schienenschildkröte) und *P. unifilis* (Terekay-Schienenschildkröte).

Sie verstecken sich vor Räubern, jagen kleine Insekten und sonnen sich. Haben sie es geschafft, über viele Jahre hinweg zu überleben, werden sie eines Tages selbst für Nachwuchs sorgen.
Wie sieht eigentlich ein Tag im Leben einer Wasserschildkröte aus? Schauen wir doch einmal zu den Schmuckschildkröten Nordamerikas. Der Frühsommertag beginnt mit strahlendem Sonnenschein und lockt die unzähligen Panzertiere von ihren Schlafplätzen zu den alten, aus dem Wasser ragenden Baumstämmen. Hier haben sich bald darauf mehrere Wasserschildkröten unterschiedlichster Größe versammelt, um Wärme zu „tanken". Dabei werden Kopf und Gliedmaßen weit herausgestreckt, um der Sonne möglichst viel Körperfläche zu bieten. Haben sich an solchen Sonnenplätzen viele Exemplare zusammengefunden, klettern sie sogar übereinander, um den bestmöglichen Platz zu ergattern. So finden auch auf kleinem Raum verschiedene Arten von Schmuck-, Höcker- und Zierschildkröten kurzzeitige Gemeinsamkeiten. Denn trotz des harmonischen Eindrucks, den das gemeinschaftliche Sonnenbad macht, verfolgt doch jedes Exemplar eigene Interessen. Gewiß findet man immer wieder Schildkröten zu mehreren an Sonnen-, Schlaf- und Eiablageplätzen. Doch nur deshalb, weil die gewählten Orte ideale Bedingungen für das eigene Vorankommen bieten - daß mehr als ein Individuum davon profitieren möchte, ist nur verständlich und läßt allein nicht auf soziales Gruppenverhalten schließen. Sie dulden sich. Jedoch haben die Schildkröten immer Gelegenheit, sich aus dem Weg zu gehen. Das ist besonders wichtig, wenn Männchen aufdringlich

Mzima Springs-Quellgebiet mit kristallklarem Wasser im kenianischen Tsavo West-Nationalpark, Fundort einer Pelomedusenschildkrötenart.

balzen oder dominante Tiere aggressiv reagieren. Aber zurück zum morgendlichen Sonnenbad: Entdeckt eines der Tiere einen potentiellen Feind, zum Beispiel einen großen Vogel in der Luft, stürzt es sich blitzschnell ins Wasser. Und mit ihm die anderen Wasserschildkröten. Sie alle waren Nutznießer eines aufmerksamen Artgenossen. Doch im Wasser lauert die nächste Gefahr. Alligatoren verschmähen auch keine Schildkröten und schnappen sofort zu, wenn ein unvorsichtiges Exemplar in die Nähe des zahnbewehrten Alligatorenmaules kommt. Kleine Wasserschildkröten werden selten das Glück haben, solch' eine Attacke zu überleben. Manche kommen noch mit „einem blauen Auge" davon und verlieren lediglich ein Bein oder zeigen fortan einen beschädigten Panzer. Aber nur wenige Gewässer in Nordamerika werden von Alligatoren bewohnt. Um so zahlreicher und weitverbreiteter jedoch findet man Fischreusen, die eine noch größere Unfallquelle darstellen. Einmal in dieser Sackgasse gefangen, kommt es unweigerlich zum Ertrinken. Natürliche Verluste durch Freßfeinde werden durch größere Gelege und bestimmte Verhaltensweisen ausgeglichen und stellen keine Gefahr für den Fortbe-

stand der Schmuckschildkröten dar. Apropos Fortbestand: Bestimmt waren bei der oben beschriebenen Gruppe auch Tiere unterschiedlichen Geschlechts darunter. Ein Männchen nutzt die Gunst der Stunde und umwirbt eines der herrlich großen Weibchen. Hatte es Erfolg und konnte sie mit seinem liebevollen Balzspiel beeindrucken, kommt es zur Paarung. Danach trennen sie sich wieder, das Weibchen klettert auf ein Stück Treibholz zum Sonnen, das männliche Tier geht auf Nahrungssuche und erbeutet einige Libellenlarven, die auf dem Grund des Gewässers laufen. Bei der Jagd entdeckt sie eine Moschusschildkröte, die ebenfalls auf Nahrungssuche ist. Die Moschusschildkröte reißt drohend ihr Maul auf, wird aber ohnehin nur von dem Schmuckschildkröten-Männchen ignoriert. Da es für große Schmuckschildkröten mühselig ist, ihre Körpermasse nur mit Kleintieren zu versorgen, greift es im Flachwasserbereich seines Heimatgewässers auf die üppig wuchernden Wasserpflanzen zurück. Dabei entdeckt es einige Jungtiere der Schnappschildkröte, die sich im warmen Oberflächenwasser zwischen den Schwimmpflanzen verstecken und dort kleine Mückenlarven fangen. Hat die Schmuckschildkröte ihre Nahrungsaufnahme beendet, wird alsbald ein Baumstamm für das nächste Sonnenbad aufgesucht.

Zur heißen Mittagszeit wird es selbst den Schmuckschildkröten zu warm und sie ziehen sich in kühleres Tiefenwasser zurück. Nach einigen weiteren Stunden schwimmen sie bevorzugt an der Oberfläche und lassen sich treiben. Einige werden wieder Steine und Äste für ein Sonnenbad erklettern, andere gehen auf Nahrungssuche. Gegen Abend schwimmen immer mehr Schildkröten zu ihren Schlafplätzen in Schwimm- und Uferpflanzen sowie unter die Wurzeln einiger am Wasser stehenden Bäume. Einzelne Weibchen jedoch verlassen das Wasser, um kurz darauf an einer geeigneten Stelle eine Nistgrube auszuheben! Dieser zeitaufwendige und kräftezehrende Akt wird mit dem Verschließen der Grube beendet. Anschließend kehren die weiblichen Wasserschildkröten wieder in ihr Heimatgewässer zurück. Vielleicht kommt ein Waschbär und gräbt das Gelege aus, um seinen Hunger zu stillen. Die meisten anderen Eier jedoch entwickeln sich bis zum Schlupf der kleinen Schildkrötenbabys.

Die Südliche Zierschildkröte (*Chrysemys picta dorsalis*) ist eine von vier Unterarten der in Nordamerika beheimateten Zierschildkröten, *Chrysemys picta*.

Systematik

Jeder, der sich mit Reptilien beschäftigt, trifft auf zahlreiche wissenschaftliche Bezeichnungen, die auf den ersten Blick nur Verwirrung stiften. Aber genau das Gegenteil ist der Fall.

Erlauben doch diese lateinischen Namen eine genaue und vor allem weltweit eindeutige Zuordnung der Tiere. Und das ist wichtig! Artnamen in den jeweiligen Landessprachen sind recht variabel und können Verwechslungen hervorrufen. Selbst deutschsprachige Namen sind nicht oft eindeutig.

Konstruieren wir ein Beispiel: Die Südliche Zierschildkröte aus den USA ist im deutschsprachigen Raum auch unter dem Namen Rückenstreif(en)-Zierschildkröte bekannt. Doch auch andere Zierschildkrötenunterarten ähneln ihr zum Teil sehr, haben den namensgebenden rötlichen Streifen (wenn auch schwächer) auf dem Panzer und bewohnen an ihren Verbreitungsgrenzen gemeinsame Lebensräume mit ihnen.

Doch auch die Mittelländische Zierschildkröte hat eine Verbreitungsgrenze in einigen südlichen Bundesstaaten. Die Bezeichnung „Mittelländische" würde subjektiv betrachtet auch für die Westliche Zierschildkröte passen, findet man sie doch in einige „mittleren" Bundesstaaten.

Aber die westlichen Tiere heißen wegen ihrer schönen Färbung auch Indianer-Zierschildkröte - ohne Bezug zum Verbreitungsgebiet. Die Rückenstreifen-Zierschildkröte sieht aber auch hübsch gezeichnet aus.

Die Östliche Zierschildkröte hat an ihrer Westgrenze gemeinsame Vorkommen mit der mittelländischen Unterart und sieht ihr auch sehr ähnlich, ja vermischt sich sogar mit dieser. Zugegeben, eine verwirrende Konstruktion. Noch dazu beschränkt sie sich auf die deutsche Sprache. Aber so kommt es zu Verwechslungen.

Abhilfe schaffen hier die wissenschaftlichen Namen, die die weltweit nur einmal vergebenen Artbezeichnungen festhalten. *Chrysemys picta dorsalis* (Südliche Zierschildkröte), *Chysemys picta marginata* (Mittelländische Zierschildkröte), *Chrysemys picta bellii* (Westliche Zierschildkröte) und *Chrysemys picta picta* (Östliche Zierschildkröte). Alle lateinischen Namen verbergen genaue Definitionen einer Art beziehungsweise Unterart.

Und das über Ländergrenzen! Spricht in den USA jemand von „Painted Turtles", weiß in Österreich niemand, welche Unterart gemeint ist. Redet ein Schildkrötenliebhaber aus den Niederlanden von seinen „Zuidelijke Sierschildpad" - wieviele Deutsche vermuten dahinter die Südliche Zierschildkröte? Wissenschaftliche Namen haben also ihre begründete Berechtigung. Interessant wird es, wenn man die lateinischen Wörter übersetzt.
OBST (1995) erläutert in seinem Werk solche Bezeichnungen. Zum Beispiel: „*Chrysemys*" (lateinisch/griechisch chrysos = gold; lat./griech. emys = [Süß-]Wasserschildkröte) „*picta*" (lat. = gemalt/farbenprächtig) „*dorsalis*" (lat. = auf dem Rücken befindlich [der Längsstrich auf dem Carapax]).

Jeder Schildkrötenhalter sollte wenigstens die wissenschaftlichen Namen seiner eigenen Pfleglinge kennen. Nur so können Außenstehende, vom Tierarzt bis zum Schildkrötenexperten, ihnen weiterhelfen, wenn es Fragen oder Probleme mit den Schildkröten gibt. Sich die lateinischen Begriffe zu merken, ist leichter als man am Anfang glauben möchte.
Die Systematik, also die geordnete Darstellung bestimmter Dinge, ist im Tier- und Pflanzenreich notwendig für genaue Zuordnungen unter Berücksichtigung von Entwicklungen und Verwandtschaftsgraden.

Körperbau

Insgesamt betrachtet ist der „Bauplan Schildkröte" eine erstaunliche Erscheinung der Evolution. Seit vielen Millionen Jahren bewährt sich das Grundkonzept des

Klappschildkröten wie die abgebildete *Kinosternon leucostomum* besitzen zwei Quergelenke, mit deren Hilfe das Plastron beweglich wird.

außergewöhnlichen Körperbaus. Ein mit der Wirbelsäule verbundener Knochenpanzer (Carapax) ruht auf der knöchernen Bodenplatte, dem Plastron. Es entstand ein gewölbeartiger Bau, der die inneren Organe wirkungsvoll schützt. Mit Ausnahme der Weichschildkröten ist der gesamte Panzer mit Hornplatten überzogen. Diese stimmen in ihrer Form und Größe nicht mit den einzelnen Knochenplatten überein. Die „flexiblen" Körperteile wie Hals, Beine und Schwanz können zu einem großen Teil in den Panzer eingezogen werden.

Am Bau des Halses lassen sich zwei große Schildkrötengruppen unterscheiden, nämlich die Halsberger und die Halswender. Die Halsberger ziehen ihren Kopf vertikal in den Panzer zurück. Halswender können ihn nur seitlich anlegen.

Die Füße der Süßwasserschildkröten sind mit Krallen und Schwimmhäuten versehen; letztere vergrößern die Fußfläche und bieten damit eine Voraussetzung für zügige Schwimmbewegungen. Bei den Meeresschildkröten und der Papua-Weichschildkröte (*Carettochelys insculpta*) sind die Füße gar zu regelrechten Paddeln geformt.

Die Kiefer haben Hornschneiden, mit denen die Schildkröten kraftvoll zubeißen können. Vergleiche mit einem Schraubstock sind nicht von der Hand zu weisen.

Sinnesorgane

Schildkröten haben bis auf das Hörvermögen gut entwickelte Sinnesorgane. Sie können gut sehen, erkennen Farben und orientieren sich auch mit den Augen im Gelände. Feinde, Artgenossen und Nahrung werden

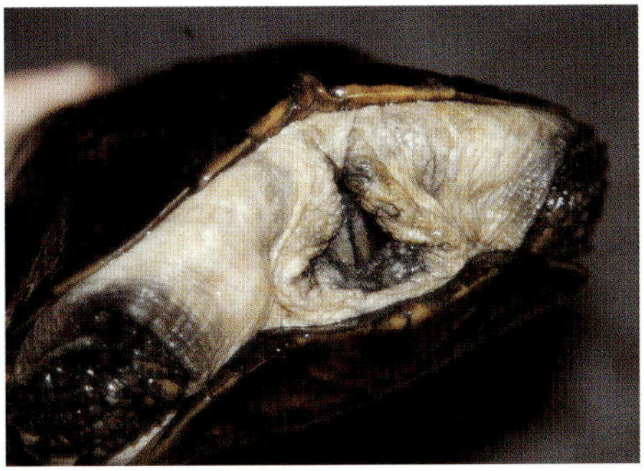

mit den Augen entdeckt und unterschieden. Der Geruchssinn ist sehr gut ausgeprägt (auch im Wasser). Das ist wichtig für die Partnererkennung und das Auffinden von Nahrung.

Ihr Gehör erlaubt nur Wahrnehmungen im niedrigen Frequenzbereich. Dafür nehmen Schildkröten selbst feine Bodenerschütterungen wahr.

Tierarzt

Immer mehr Tierärzte erkennen den Trend zur Reptilienhaltung und spezialisieren sich in dieser Richtung. So ist es möglich, auf einen reptilienerfahrenen Veterinär zurückzugreifen, wenn eine Wasserschildkröte erkrankt. Adressen erhalten Sie bei ortsansässigen

Zu den Halswendern gehört *Chelodina mccordi*, McCords Schlangenhalsschildkröte; sie legt ihren langen Hals seitlich an.

Dagegen ist *Cyclemys dentata* ein Halsberger; sie zieht ihren Kopf vertikal in den Panzer ein. Beim abgebildeten Exemplar ist auf diese Weise nur noch die Nasenspitze zu sehen.

Meeresschildkröten haben ähnlich einem Paddel geformte Extremitäten. M.-P. & Ch. Piednoir

Terraristik-Vereinen und im Internet auf einigen Homepages mit herpetologischen Inhalten. Mailinglisten zu Schildkrötenthemen bieten gleichfalls eine brauchbare Informationsquelle. Gewiß praktiziert nicht jeder Reptilien-Arzt in unmittelbarer Nähe, und man muß auch einmal längere Wege in Kauf nehmen. Dafür erhält man jedoch eine fundierte Behandlung, die ein Tierarzt mit ausschließlich „klassischen" Patienten wie Hund, Katze und Vogel nicht in dieser Weise bieten kann.

Spezialisierte Fachkliniken mit der notwendigen Technik, angeschlossenen Labors und erfahrenen Ärzteteams gibt es auch. Informieren Sie sich am besten schon vor oder während des Schildkrötenkaufs nach den entsprechenden Arztpraxen, die Ihnen im Notfall helfen können.

Wenn Sie einen Tierarzt aufsuchen, halten Sie für eine richtige Diagnose Informationen zur genauen Art, deren Geschlecht und Alter, Herkunft, Haltungsbedingungen sowie Krankheitsgeschichte (Verlauf, Nahrungsaufnahme, Verhaltensweise) bereit.

Krankheiten und Verletzungen

Während der Schildkrötenhaltung kann es passieren, daß unsere Pfleglinge erkranken oder sich verletzen. Wichtig ist es, Verhaltensänderungen rechtzeitig als krankheitsbedingt zu erkennen. Viele Erkrankungen sind haltungsbedingt. Auslöser für Abwehrschwächen sind häufig Streßreak-

tionen bei Vergesellschaftung und auch die risikoreichere Zeit der Winterruhe.
In jedem Fall werden wir alles unternehmen, um die Wasserschildkröten schnellstmöglich richtig zu versorgen. Der Gang zum Tierarzt ist häufig unvermeidbar. Beachten Sie daher schon vor der Anschaffung einer Wasserschildkröte, daß umfangreiche Tierarztkosten auf Sie zukommen können.
Daß die Besprechung von Schildkröten-

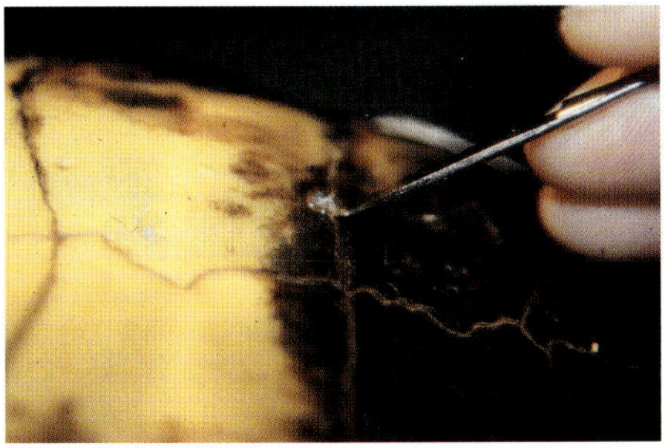

Das Skalpell zeigt auf die Panzernekrose am Plastron einer Wasserschildkröte.

krankheiten ein ganzes Buch füllen kann, bewies nicht zuletzt SASSENBURG (2000). Es sei daher nur auf häufige Krankheitsbilder, Verletzungen und ihr Erkennen hingewiesen. Eine Behandlung ist nur vom Tierarzt selbst oder unter seiner Anleitung zu realisieren.
Erfahrene Schildkrötenhalter behandeln einige Krankheiten selbst, weil sie in jahrzehntelanger Haltung umfangreiche Erfahrungen sammeln konnten. Auch ich konnte in den zurückliegenden Jahren umfangreiche Kenntnisse bei der Heilung von Amphibien, Reptilien und Säugetieren erwerben; dennoch konsultiere ich bei unsicheren Krankheitsbildern stets einen fachkundigen Veterinär.
In jedem Fall ist eine erkrankte oder verletzte Wasserschildkröte in einen separaten Behälter zu überführen. Hier lassen sich Symptome besser erkennen, die Nahrungsaufnahme ist kontrollierbar, abgesetzter Kot kann zweifelsfrei dem erkrankten Tier zugeordnet und einem Labor zur Untersuchung gegeben werden. Die Schildkröte kann gezielt mit Medikamenten und höherer Temperatur versorgt werden.

Erkältung

Die wohl häufigste Schildkrötenerkrankung in der Obhut von Anfängern ist die Erkältung.
Die Tiere haben tränende Augen und Nasenausfluß, im fortgeschrittenen Stadium (Lungenentzündung) hört man pfeifende Atemgeräusche und entdeckt am Maul Schleimaustritt und Bläschenbildung.
Die Schildkröten schwimmen schräg, können schlecht tauchen und halten sich außergewöhnlich oft auf dem Landteil auf.
Eine Ursache liegt im falschen Temperaturhaushalt der Aquaterrarien: Wasserbecken werden stark beheizt, Landteile nur, wenn überhaupt, mit einer Leuchtstofflampe versorgt. Negativer Effekt ist warmes Wasser mit kühlerer Luft darüber.

Bißverletzung am Fuß einer *Cuora amboinensis*.
Das betroffene Tier ist bis zur vollständigen Heilung zu separieren; ansonsten beißen vergesellschaftete Schildkröten immer wieder in die Wunde.

Beim Handling mit Weichschildkröten (im Bild eine halbwüchsige *Apalone ferox*) ist größte Vorsicht geboten. Der Panzer ist nicht gerade griffig, der Kopf hat zudem einen unvorstellbaren Aktionsradius. Läßt man das Tier fallen, kann es sich mit dem weichen Panzer schnell eine schlecht heilende Verletzung zuziehen.

Weitere Gründe für Erkältungskrankheiten sind Transporte, bei denen die Schildkröten Zugluft abbekommen haben, und der fragwürdige Freilauf im Wohnzimmer. Gerade Letzteres wird leider gelegentlich praktiziert (abgesehen davon, daß „Auslauf" vollkommen unnötig ist), ohne daß Besitzer an die ständige leichte und kühle Zugluft knapp über dem Fußboden denken.

Augenprobleme

Augen können anschwellen und verkleben. Diese Entzündung kann auf Zugluft, Fremdkörper oder starke Wasserverschmutzung zurückzuführen sein. Vitamin-A-Mangel fördert die Anfälligkeit der Augen.

Abszesse

Ein Abszeß macht sich an der betroffenen Stelle durch eine deutliche Wölbung der Haut bemerkbar. Bei leichtem Druck mit dem Finger spürt man das verhärtete Gewebe. Ursache kann eine zurückliegende Verletzung sein, die - meist ausgelöst von Streßreaktionen - durch eine Infektion anschwoll und eine abgekapselte Mischung aus Eiter und Gewebe darstellt.

Verletzungen

Wasserschildkröten können sich bei Vergesellschaftung durch Bisse verletzen. Sowohl das aggressive als auch das verwundete Exemplar müssen sofort separiert werden. Setzt man die verletzte

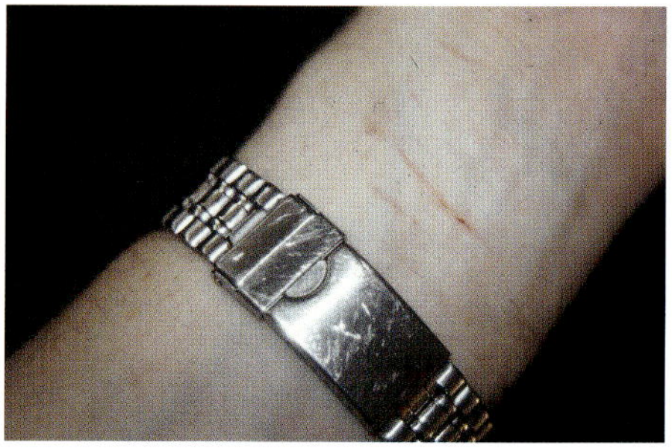

Schildkröte nicht einzeln, verlockt die Wunde - auch wenn sie schon etwas verheilt ist und sich eine neue helle Haut gebildet hat - andere Mitbewohner zum Hineinbeißen. So wird die Wunde immer und immer wieder neu aufgerissen und bildet die Grundlage für Infektionen und Pilzbefall (abgesehen vom massiven Streß des gebissenen Tieres). Befindet sich eine solche Verletzung am Schwanz, kann dieser durch erneute Attacken abgerissen werden. Zu

Hautverletzungen kann es auch bei der Paarung (Nackenbiß des Männchens) und durch scharfkantige Steine kommen.
Knochenbrüche entstehen durch Bisse sehr großer Wasserschildkröten, wenn diese mit kleineren Exemplaren vergesellschaftet sind und etwa bei der Fütterung in den Fuß der Mitbewohnerin schnappen.
Eine weitere Ursache ist das unvorsichtige Handling des Pflegers mit seinen Tieren. Nimmt er sie in die Hand, wehren sich weniger zutrauliche Schildkröten so intensiv, daß sie fallengelassen werden. Dabei kann es auch zu Panzerverletzungen kommen.
Erste Anzeichen für einen Knochenbruch ist das Stillhalten des betroffenen Beines. Beim Schwimmen wird es nur hinterhergezogen, ohne aktiv eingesetzt zu werden.
Erhebliche Verletzungsgefahr besteht, wenn die Männchen im Wasser ihren Penis ausstülpen. Andere Wasserschildkröten vermuten etwas Freßbares und beißen zu. Entweder kommt es zur verletzungsbedingten Anschwellung, die es dem betroffenen Männchen nicht mehr ermöglicht, den Penis zurückzuziehen. Im schlimmeren Fall kann es durch Bisse zur regelrechten Kastration kommen.

Legenot

Wie im Kapitel zur Vermehrung schon erwähnt, können die Weibchen in Legenot geraten.
Ausgelöst durch Streß, fehlende Kondition, mangelhaften Eiablageplatz, Verletzungen u. ä. legen die Tiere keine Eier ab. Die betroffenen Weibchen laufen tagelang unruhig auf dem Landteil umher und setzen eventuell eines oder mehrere Eier im Wasser ab. Im schlimmsten Fall behalten sie die Eier im Körper zurück.

Parasiten

Bei frisch importierten Wildfängen können an der Haut Parasiten wie Egel und Zecken gefunden werden. Während der Haltung in Menschenobhut wird dies eher selten vorkommen. Wenn, dann eher bei der Freilandhaltung von Schildkröten.

Verstorbene Schildkröten

Trotz aller Pflege und Fürsorge kann eine Wasserschildkröte sterben.
Entweder altersbedingt oder wegen schwerer Erkrankungen und Verletzungen. In vielen Fällen wäre es schade, die verendeten Tiere einfach im Müll zu entsorgen; vor allem, wenn es sich um nicht häufig in Menschenobhut gehaltene Arten handelt. Wenn wir sicher sind, daß eine Schildkröte wirklich tot ist, erkundigen wir uns bei örtlichen oder überregionalen Naturkundemuseen sowie Sammlungen, ob Interesse an der Übernahme der toten Schildkröte besteht. Von frischtoten Exemplaren können von diesen Institutionen noch Blutproben genommen werden, andere Kadaver werden für Skelettpräparate und vergleichende Untersuchungen genutzt.
So besteht die Möglichkeit, selbst mit verstorbenen Wasserschildkröten noch wissenschaftlich zu arbeiten. Vor der Weitergabe wird der Kadaver mit einem Zettel versehen, auf dem Angaben zum Tier festgehalten werden: Wissenschaftlicher Name, Herkunft (Wildfang oder Nachzucht), Alter, Todesursache (wenn bekannt).

Seite 62 unten:

Auch Schildkrötenhalter können sich beim Umgang mit ihren Pfleglingen verletzen! In erster Linie sind es die scharfen und kräftigen Krallen großer Exemplare, die unverhoffte Schrammen bringen.
Die auf dem Foto sichtbaren Kratzspuren verursachte eine adulte Spitzkopfschildkröte. Hantiert man unkonzentriert mit Wasserschildkröten, wird man auch schon mal gebissen.

Artenschutz

Massive Eingriffe, wie sie sich der Mensch in den letzten Jahrzehnten immer wieder erlaubte, haben auch negative Folgen für die Wasserschildkröten der Welt.

Zum wesentlichsten Teil ist es die Lebensraumzerstörung durch Trockenlegen von Gewässern, das Kanalisieren und Begradigen von Flüssen, die Flächenversiegelung, Baulandgewinnung und Ausbeutung der Rohstoffe.

Gemeinsam mit anderen Faktoren hat dies in Deutschland bereits die hier lebende Unterart der Europäischen Sumpfschildkröte (*Emys orbicularis*) an den Rand der Ausrottung gebracht. Von ihr gibt es nur noch wenige Exemplare, deren Fortpflanzung in Zuchtprogrammen koordiniert wird. Eine direkte Bedrohung für die Wasserschildkröten stellt auch der Fang zu Lebensmittelzwecken dar. Ein brisantes Problem, das vor allem die asiatischen Arten betrifft. Auslöser ist der rege Handel auf den chinesischen Lebensmittelmärkten und in den dortigen Apotheken. Schon seit langer Zeit werden in Asien und speziell im bevölkerungsreichsten Land Schildkröten als Lebensmittel genutzt oder zu „medizinischen Präparaten“ (deren Wirkung äußerst fragwürdig ist) verarbeitet.

Hielt sich der Verbrauch an Schildkröten und auch anderen Wildtieren früher in Grenzen, erlebt der Handel seit Beginn des wirtschaftlichen Aufschwungs in China einen traurigen Höhepunkt nach dem anderen. Für die Händler auf den chinesischen Lebensmittelmärkten ist es unerheblich, ob sie mit ungeschützten oder mit WA-Tieren handeln. So zeigt etwa Valentin (2000) in seinem Bericht über die Lebensmittelmärkte Südostasiens Fotos von *Callagur borneonsis* (Callagurschildkröte, WA-Anhang II), *Kachuga tecta* (Indische Dachschildkröte, Anhang I) oder auch mehrere Kisten mit *Cuora amboinensis* (Amboina-Scharnierschildkröten, seit 2000 Anhang II).

Da China selbst kaum mehr eigene Schildkrötenvorkommen hat, werden (illegal) aus allen umliegenden Staaten Tiere „importiert“, wie aus Vietnam. Was zur Folge hat, daß auch dort die Individuenzahl immer mehr abnimmt.

Erste Rettungsmaßnahmen wurden eingeleitet, indem europäische Schildkrötenhalter Erhaltungszuchtprogram-

Cuora trifasciata, die Dreistreifen-Scharnierschildkröte, gehört zu den stark vom Aussterben bedrohten Arten. Für sie und andere asiatische Schildkröten wurden Schutz- und Zuchtprogramme ins Leben gerufen.

me starteten. Ein wichtiges Projekt zur Rettung asiatischer Schildkrötenarten wird im Allwetterzoo Münster realisiert (MEIER 2000).

Selbst den beliebten und (noch) häufigen Schmuckschildkröten geht es an den Kragen: Sie werden in den USA abgesammelt, um ihre Eier in „Schildkrötenfarmen" zu gewinnen und adulte Tiere zum Teil für die asiatischen Lebensmittelmärkte zu exportieren (GUNTERMANN 1999, VALENTIN 2000).

Ein spezielles Problem der Meeresschildkröten sind die Zerstörung der Niststrände durch touristische Nutzung, das Absammeln der Eier zur Lebensmittel- und Ölgewinnung, Fischereiaktivitäten und Wasserverschmutzung in den Weltmeeren. Schutzbemühungen um die Wasserschildkröten der Welt basieren nicht nur auf privaten Initiativen, sondern ebenso auf Gesetzen und internationalen Abkommen.

Grundlage für Regelungen auf Staats- und EU-Ebene ist das Washingtoner Artenschutzübereinkommen (WA), das den internationalen Handel mit bedrohten Tier- und Pflanzenarten sowie ihrer Produkte regelt. Hier gibt es die sogenannten Anhänge, die mehrere Schildkrötenarten in verschiedene Schutzkategorien einordnen. Um das WA und bestehende europäische Verordnungen für die EU-Länder umzusetzen, hat die Europäische Union eine Artenschutzverordnung geschaffen (Verordnung EG 338/97, seit 01.06.1997). Sie regelt sowohl die Ein- und Ausfuhr als auch die Vermarktung der geschützten Tiere und Pflanzen für alle EU-Mitgliedsstaaten. Sie besitzt ebenfalls Anhänge mit dort aufgeführten Schildkrötenarten.

Bei den genannten Arten befindet sich auch die Rotwangen-Schmuckschildkröte *Trachemys scripta elegans* (Anhang B). Sie ist dort nicht aufgeführt, weil sie gegenwärtig besonders selten wäre. Vielmehr wurden Babys dieser Unterart früher in unglaublichen Stückzahlen nach Deutschland importiert. Mehreren gewissenlosen „Tierfreunden" wurde sie zu groß und pflegeaufwendig; sie setzten sie am nächstbesten Gewässer aus und überließen sie sich selbst. Die Fremdlinge ernährten sich von Frosch- und Fischlaich, Insektenlarven sowie seltenen Pflanzen. So wurden ausgesetzten Rotwangen in manchen Regionen zur massiven Gefahr für die einheimische Fauna und Flora. Um dem illegalen Aussetzen (es handelt sich auch heute noch um Faunenverfälschung und ist strafbar)

Hoffnungsträger: Immer mehr private SchildkrötenhalterInnen bemühen sich in länderübergreifenden Projekten um die regelmäßige Nachzucht bedrohter Arten. Die abgebildete Vieraugenschildkröte (*Sacalia quadriocellata*) ist die deutsche Nachzucht einer ebenfalls bedrohten Art aus Asien.

Einhalt zu gebieten, wurde sie unter Schutz gestellt und der Import gestoppt.
Jedoch fanden die amerikanischen Schildkrötenexporteure bald darauf „Ersatzarten" in Form von Gelbwangen-Schmuckschildkröten (*Trachemys scripta scripta*) und Florida-Rotbauchschmuckschildkröten (*Pseudemys nelsoni*). Und heute gibt es immer noch skrupellose Menschen, die ihrer Pfleglinge überdrüssig werden und sie gedankenlos aussetzen...

Macroclemys temminckii, die Geierschildkröte (auch Alligator-Schnappschildkröte genannt) aus Nordamerika, erreicht Panzerlängen von weit über einem halben Meter und entwickelt damit unglaubliche Körperkräfte! Sie sollte ausschließlich von erfahrenen Schildkrötenhaltern gepflegt werden. Schnapp- (*Chelydra serpentina*) und Geierschildkröten gehören nicht in Kinderhände.

Aber zurück zu den eigentlich schutzbedürftigen Arten: Was bedeuten nun die gesetzlichen Regelungen für den Schildkrötenhalter? Erkundigen Sie sich vor dem Kauf neuer Wasserschildkröten nach deren Schutzstatus (eine Änderung aus dem Jahr 2000 betrifft die Aufnahme aller *Cuora*-[Unter-]Arten in Anhang II des WA; am häufigsten in Liebhaberhand dürfte *Cuora amboinensis* sein).
Erwirbt man geschützte Arten, erfolgt dies nur mit den dafür notwendigen Papieren. Das sind entweder die CITES- oder die EU-Bescheinigungen. Die Unterlagen sind sorgfältig aufzubewahren. Der Bestand an meldepflichtigen Schildkröten ist der zuständigen Naturschutzbehörde anzuzeigen, ebenfalls die laufenden Zu- und Abgänge durch Kauf, Nachzucht, Verkauf und Tod. Herkunftsnachweise sollten lückenlos erfolgen, damit die Behörden die Besitzverhältnisse der Tiere nachvollziehen können. Mit Ausnahme der in Gefangenschaft geborenen Exemplare besteht für Anhang-A-Arten (entspricht Anhang I des WA) ein Vermarktungsverbot. Anhang-B-Arten (WA-Anhang II) können vermarktet werden, aber nur mit den vorhandenen Dokumenten unter Angabe der Herkunft.
In jedem Fall gilt: Erwerben Sie bitte keine geschützten Tiere ohne die dafür notwendigen Papiere! Ansonsten wird dem illegalen Handel Vorschub geleistet - das ist nicht im Sinne unserer Pfleglinge. Besonders bei der Haltung europäischer Arten muß noch die Bundesartenschutzverordnung (BArtSchV) berücksichtigt werden. Sie stellt Tierarten unter Schutz, die in den Anhängen A und B der EU-Artenschutzverordnung, des Anhangs IV der FFH-Richtlinie (Flora Fauna Habitat) sowie in Anlage 1 der BArtSchV stehen. Erfaßt wurden in dieser Verordnung auch die Geierschildkröte (*Macroclemys temminckii*) sowie die noch in den 90er Jahren häufig importierte Schnappschildkröte (*Chelydra serpentina*). Für beide Arten gilt ein Besitz- und Vermarktungsverbot, da sie wie *Trachemys scripta elegans* bei Entweichen die heimische Fauna verfälschen. Zudem wurden *M. temminckii* und *Ch. serpentina* wegen ihrer Körperkräfte auch von den Fachverbänden als „potentiell gefährlich" eingestuft.
In Deutschland haben Bundesländer und Großstädte in ihren Polizeigesetzen unterschiedliche (zum Teil keine) Regelungen zur Haltung gefährlicher Tiere getroffen.

Aus der Vielzahl vorhandener Wasserschildkrötenarten habe ich nachfolgend eine Auswahl herausgesucht. Die Pflegeansprüche der genannten Arten sind erfüllbar und setzen keine hochqualifizierte Spezialisierung voraus.
Bei den Angaben zur Größe der Aquaterrarien berücksichtigte ich Maße, wie sie sich bei mir oder befreundeten Schildkrötenpflegern bewährten. Dahinter setze ich in Klammern die Haltungsvorgaben, wie sie die „Mindestanforderungen an die Haltung von Reptilien“ (alternativ: „Haltungsrichtlinien“) für zwei Exemplare der betroffenen Art beschreiben. Das vom Bundesministerium für Ernährung, Landwirtschaft und Forsten, Referat Tierschutz (1997), in Auftrag gegebene Gutachten erarbeitete ein Team aus verschiedensten Vereinen und Verbänden.
Als Beispiel führe ich die Haltung von *Mauremys mutica* an. Hier haben die Haltungsrichtlinien für zwei Exemplare fixiert: 5-fache Panzerlänge (PL) des größten Tieres als Terrarienlänge, multipliziert mit 0,5 der errechneten Länge als Terrarienbreite, Wasserstand 2-fache Panzerbreite). Daraus ergeben sich vorgeschriebene Mindestmaße für die Haltung von *Mauremys mutica* mit bis zu 20 cm Carapaxlänge: 5 x 20 cm = 100 cm Länge; 100 cm x 0,5 = 50 cm Breite; Wasserstand entspricht der gemessenen Panzerbreite x 2. Sollen drei oder vier Wasserschildkröten im gleichen Behälter gepflegt werden, sind der errechneten Grundfläche 10% zuzuschlagen, ab der fünften Schildkröte 20%.

Mauremys mutica (Cantor, 1842)
Chinesische Sumpfschildkröte

Verbreitung und Lebensraum: Das Verbreitungsgebiet erstreckt sich über Ost- und Südchina, einschließlich Hainan und Taiwan, sowie Nordvietnam und Japan. Hier lebt sie in verschiedenen Still-, aber auch in kleineren Fließgewässern.
Aussehen und Größe: Merkmale der früher auch Dreikiel-Wasserschildkröte genann-

Mauremys mutica ist eine empfehlenswerte Wasserschildkröte, auch für Anfänger in der Schildkrötenhaltung.

Hält man seine Chinesischen Sumpfschildkröten weitestgehend artgerecht, erhält man eines Tages auch den erwünschten Nachwuchs.

ten Art sind ein einfarbig hell- bis dunkelbrauner Panzer und die gelbstreifige Gesichtszeichnung auf hellbraunem Grund. Das gelbe Plastron zeigt auf jedem Schild einen schwarzen Fleck; dessen Größe kann individuell unterschiedlich sein. Die drei Kiele auf dem Carapax erscheinen mit zunehmendem Alter und Wachstum immer schwächer und sind, besonders der Mittelkiel, hauptsächlich im Jugendstadium ausgeprägt. Sie erreichen Panzerlängen von bis zu 20 cm.

Haltung: Die tagaktiven Schildkröten benötigen ein Aquaterrarium mit mindestens 100 cm Länge und 50 cm Breite. Der Wasserstand sollte wenigstens 30 bis 40 cm betragen (Haltungsrichtlinien: 5-fache PL x 0,5 des errechneten Wertes; Wasserstand gleich 2-fache Panzerbreite). Im Sommerhalbjahr sind Lufttemperaturen in Höhe von 28 bis 30°C angebracht, im Winter etwa 19°C; die Wassertemperaturen sollten jeweils knapp unter diesen Werten liegen. Die Ernährung der für Anfänger sehr geeigneten Wasserschildkrötenart gestaltet sich problemlos. Es werden verschiedenste tierische und pflanzliche Futtersorten akzeptiert.

Die Geschlechter sind grundsätzlich zu trennen; lediglich zur Paarungszeit sollte das Männchen zum Weibchen gesetzt werden.

Zucht: Mit Beginn der wärmeren Jahreszeit im Frühjahr (nach mehrwöchiger Temperaturabsenkung durch abgeschaltete Beleuchtung und Heizung) werden Männchen und Weibchen zur Paarung zusammengesetzt. Ersteres reitet in der Regel

überfallartig auf, hält sich mit den Krallen am Panzerrand des Weibchens fest und verbeißt sich in dessen Hals. Meist werden zwei bis vier hartschalige Eier gelegt, die 41,0 bis 46,5 mm lang sind und einen Durchmesser von 21 bis 24 mm haben (bei einem Gewicht von 12 bis 15 g). Die Inkubationsdauer beträgt bei konstant 27°C Bruttemperatur 74 oder 75 Tage; inkubiert man etwa drei bis vier Grad kühler, vergehen 97 bis 99 Tage bis zum Schlupf. Die Aufzucht der Jungtiere bereitet selten Probleme. Sie akzeptieren verschiedenstes kleines Futter wie Mückenlarven und Regenwürmer.

Die Schwarze Dickkopfschildkröte gehört zu den gut haltbaren Arten in unseren Aquaterrarien. Kopfzeichnung und -form geben ihr einen „freundlichen Gesichtsausdruck“.

Siebenrockiella crassicollis (Gray, 1831)
Schwarze Dickkopfschildkröte

Verbreitung und Lebensraum: Fundorte gibt es in Myanmar, Thailand, Laos, Vietnam, Kambodscha, Malaysia sowie auf den indonesischen Inseln Sumatra und Kalimantan (Borneo). Man findet sie in verschiedensten Teichen, Tümpeln und strömungsarmen Fließgewässern.

Aussehen und Größe: Ihr Carapax ist schwarz. Die Haut zeigt individuell verschiedene Grautöne. Ein deutlicher Mittelkiel ist bei Jungtieren genauso ausgeprägt wie der gezackte hintere Panzerrand. Der Bauchpanzer ist dunkel bis tiefschwarz, kann aber bei älteren Exemplaren etwas aufhellen. Das Gesicht zieren ein weißer Augenring und ein ebenso gefärbter Hin-

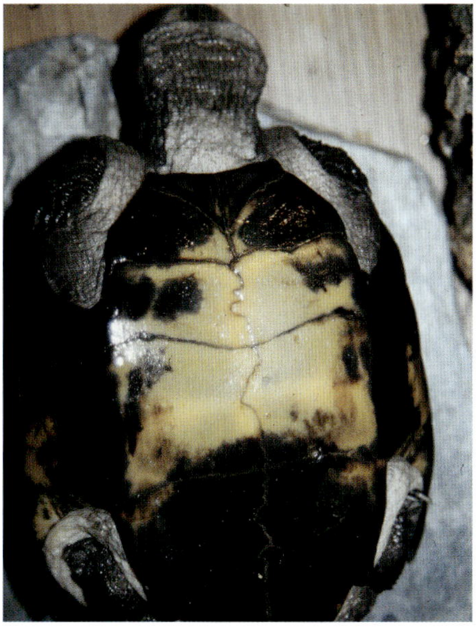

Der Bauchpanzer ist schlicht gefärbt.

teraugenfleck. Das Kinn ist ebenfalls weißlich abgesetzt. Nach menschlichem Ermessen hat das Gesicht eine freundlich-lächelnde Ausstrahlung. In der Literatur erscheinen Größenangaben mit bis zu 20 cm; das größte von mir gesehene Exemplar (eierlegendes Weibchen) hatte eine Carapaxlänge von 16,5 cm.

Haltung: Ein Aquaterrarium mit einer Grundfläche von ca. 100 x 50 cm und einem Wasserstand von 25 cm kann als Unterkunft für zwei Tiere genutzt werden (Haltungsrichtlinien: 4-fache PL x 0,5 des errechneten Wertes; Wasserstand gleich 2-fache Panzerbreite). Im Sommer sind Temperaturen von mindestens 26 bis 28°C angebracht, im Winter 22°C (hier werden für zwei Monate Licht und eine eventuell vorhandene Heizung abgeschaltet).

Siebenrockiella crassicollis hat in der Regel ein ruhiges Wesen. Sie sollte zur Vermeidung von Streß nicht mit anderen Arten vergesellschaftet werden. Dagegen ist es durchaus möglich, innerhalb ihrer Art verschiedene Geschlechter gemeinsam zu halten, ohne daß sich dies negativ auf Wohlbefinden und Befruchtungsrate auswirken würde (Schilde, pers. Mitt.). Bevorzugt wird eindeutig tierische Nahrung.

Zucht: Wird es im Frühjahr wieder wärmer, kommt es alsbald zu Paarungen. Verliefen diese erfolgreich, werden von März bis Oktober bis zu vier Gelege produziert. In der Regel bestehen diese aus nur einem großen hartschaligen Ei pro Gelege. Selten werden zwei Eier vergraben. Werden sie bei 25°C inkubiert, dauert es 102 bis 112 Tage bis zum Schlupf. Wählt man höhere Bruttemperaturen, verkürzt sich die Inkubationszeit; bei 28°C auf 80 bis 89 Tage (Schilde, pers. Mitt.). Die Haltung der Schlüpflinge bereitet unter Beachtung der Haltungsbedingungen keine Probleme.

Ocadia sinensis **(Gray, 1834)**
Chinesische Streifenschildkröte

Verbreitung und Lebensraum: Das Vorkommen der im Handel auch als Bunte Dreikielschildkröte geführten Art erstreckt sich vom südöstlichen China bis Vietnam und Laos. Die Inseln Hainan und Taiwan besitzen ebenfalls *Ocadia*-Populationen. Zum Lebensraum gehören ruhige Fließgewässer und strukturreiche Seen, Tümpel und Teiche.

Aussehen und Größe: Der zeichnungslose Carapax zeigt verschiedene Brauntöne. Die drei Längskiele auf dem Panzer sind nur bei Jungtieren deutlicher ausgeprägt. Das gelbe Plastron weist auf jedem Schild einen braunen Fleck auf. Die Haut ist grau bis olivfarben und mit zahlreichen gelblichen Streifen versehen (Streifenschildkröte). Weibchen werden mit bis zu 25 cm Carapaxlänge wesentlich größer als die im Verhältnis zierlicher wirkenden Männchen. Auch bei dieser Art besitzen die männlichen Exemplare einen längeren und an der Wurzel breiteren Schwanz als die Weibchen.

Haltung: Die Unterbringung erfolgt in Aquaterrarien mit einer empfehlenswerten Grundfläche ab 140 x 50 cm; das auf etwa 28°C erwärmte Wasser sollte eine Tiefe von 30 cm haben (Haltungsrichtlinien: 5-fache PL x 0,5 des errechneten Wertes; Wasserstand = 2-fache Panzerbreite). Die Lufttemperaturen liegen natürlich etwas über der des Wassers. In den Wintermonaten erfolgt

Asiatische Wasserschildkröten bieten eine unglaublich interessante Artenvielfalt. *Ocadia sinensis* gehört zweifellos dazu.

Ventralansicht der Chinesischen Streifenschildkröte.

eine mehrwöchige Ruheperiode bei abgeschalteter Beleuchtung und Heizung.
Die Ernährung erfolgt mit tierischem Futter, später auch mit Pflanzen.
Zucht: Zur Verpaarung werden die getrennt gehaltenen Geschlechter zusammengesetzt. Der beste Zeitpunkt ist nach den kühlen Wintermonaten, wenn die Haltungstemperaturen deutlich gestiegen sind. Bei Artner (2000) vergrub ein Weibchen bis zu 15 Eier, die bei Temperaturen bis zu 30°C inkubiert wurden. Nach frühestens 48 Tagen (bei niedrigeren Temperaturen entsprechend später) schlüpften die ersten Jungtiere. Für die Aufzucht bieten sich Kleintiere wie zum Beispiel Mückenlarven an.

***Pelodiscus sinensis* Wiegmann, 1835**
Chinesische Weichschildkröte
Verbreitung und Lebensraum: In weiten Teilen Chinas, in Taiwan, in SW-Rußland (Einzugsgebiet der Flüsse Amur und Ussuri), Nord- und Südkorea, N-Vietnam, Japan, vom Menschen auf Hawaii und Kalifornien eingeschleppt.
Aussehen und Größe: Sowohl Beine und Kopf als auch der weiche, lederartige Panzer sind grau bis olivgrün gefärbt. Letzterer ist warzig und kann je nach Herkunftsgebiet einfarbig oder auch gefleckt sein. Das Plastron junger Tiere ist orange bis rot, bei adulten Exemplaren weiß bis hellrosa. Am Kinn befinden sich zahlreiche weiße Flecken, an den Kopfseiten einige wenige. Eine dünne, zum Teil zerrissene, schwarze Linie beginnt hinter der schnorchelartigen Nase und verläuft scheinbar durch das Auge bis zum hinteren Schädelrand. Schwimmhäute an den Füßen sind deutlich ausgeprägt. Jeder Fuß zeigt lediglich drei kräftige Krallen (daher ein weiterer Name: Chinesische Dreiklaue). In Gefangenschaft gehaltene *Pelodiscus sinensis* erreichen Carapaxlängen von etwa 25 cm. Sie ist daher von allen Weichschildkrötenarten noch am besten zur Pflege in Menschenobhut geeignet; andere Arten werden beträchtlich größer (z. B. die Florida-Weichschildkröte, *Apalone ferox*, mit weit über 40 cm großen Weibchen).
Haltung: Die gewandten Schwimmer benötigen pro gehaltenem Exemplar ein großzügiges Wasserbecken, mindestens jedoch eine Grundfläche von 120 x 60 cm. Der Wasserstand kann an den tiefsten Stellen mindestens 50 cm betragen (Haltungsrichtlinien: 5-fache PL x 0,5 des errechneten Wertes; Wasserstand = 2-fache Panzerbreite). Hat man die Möglichkeit für ein noch größeres Becken, können die Schwimmkünste der „Unterwassersegler" sehr schön beobachtet werden. Voraussetzung für die Weichschildkrötenhaltung ist ein 10 bis 15 cm tiefer Bodengrund aus Flußsand oder feinkörnigem Aquarienkies. Hierin vergraben sie sich gern und man sieht stundenlang nur ihre Nasenspitze. Ein Sonnenplatz wird nur von wenigen Exemplaren genutzt. Er sollte dennoch eingerichtet werden, um eventuell verletzten oder erkrankten Schildkröten das Abtrocknen der Haut zu ermöglichen. Dies beschleunigt den Heilungsprozeß und beugt schlimmeren Hautentzündungen vor.
Die Haltungstemperaturen erreichen im Sommerhalbjahr 25 bis 30°C; im Winter werden Beleuchtungszeit und Temperaturen gesenkt, um einen Jahresrhythmus zu simulieren.

Das Aggressionsverhalten der Art ist unterschiedlich ausgeprägt. Während einige Halter ihre Weichschildkröten mit weiteren Arten problemlos vergesellschaften können, vertragen sich andere Exemplare weder mit der eigenen noch mit fremden Arten, unabhängig vom Geschlecht. Im Zweifelsfall ist immer Einzelhaltung vorzuziehen, um Streß oder gar Verletzungen vorzubeugen. Männchen sollten ausschließlich für eine Paarung mit Weibchen zusammengesetzt werden. Ein Hantieren mit adulten Weichschildkröten gestaltet sich schwierig. Die wehrhaften Tiere lassen sich wegen ihres ledernen und glatten Panzers schlecht festhalten. Zudem sind sie in der Lage, ihren Kopf am Ende eines langen Halses weit nach hinten zu werfen.Die Ernährung erfolgt abwechslungsreich mit animalischem Futter. Beachtet werden muß die Bereitschaft einiger Exemplare, alles auf Freßbarkeit zu untersuchen. So verschluckte, wie schon an anderer Stelle erwähnt, eines meiner Weibchen einen langen Silikonstreifen und zerbiß ein Quecksilberthermometer, das ich nach dem Wasserwechsel im Becken vergessen hatte (in beiden Fällen hatte es glücklicherweise keine gesundheitlichen Nachteile erlitten).

Zucht: Setzt man beide Geschlechter zur Verpaarung zusammen, reitet das Männchen bei Paarungsbereitschaft überfallartig auf und leitet die Kopulation ein. Dazu krallt es sich am Panzerrand des Weibchens fest und verbeißt sich in dessen Hals. Wegen möglicher Aggressionen und dar-

Das abgebildete Männchen zeigt eine ausgeprägte gelbe Fleckenzeichnung.

Pelodiscus sinensis ist mit einer Carapaxlänge bis zu 25 cm noch die am besten geeignetste Weichschildkröte für die private Haltung. Sehr gut ist der lederartige Panzer erkennbar.

aus resultierender Verletzungen ist es notwendig, die gesamte Paarung (die bei meinen *P. sinensis* stets über eine halbe Stunde andauerte) zu beobachten. Ist sie beendet oder eines der Tiere nicht paarungsbereit, muß eine sofortige Trennung erfolgen. Bei HELM (schriftl. Mitt.) legte ein Weibchen zwei bis 22 Eier pro Gelege (bei bis zu neun Ablagen im Jahr). Die Eier hatten einen Durchmesser von 18 bis 20 mm (4 bis 5 g). Die Inkubationsdauer betrug bei überwiegend 27 bis 30°C 42 bis 68 Tage (HELM 1999). Die 20 bis 26 mm kleinen Schlüpflinge wurden zunächst mit ihrer Größe entsprechendem Futter versorgt.

Besonders bei Weichschildkröten ist auf eine gute Wasserqualität zu achten, da sie mit ihrem lederartigen Panzer sehr anfällig für Pilzerkrankungen sind.

***Sternotherus odoratus* (LATREILLE, 1801)**
Gewöhnliche Moschusschildkröte

Verbreitung und Lebensraum: Bisherige Kartierungen ergaben ein Verbreitungsgebiet vom Südosten Kanadas (S-Ontario und -Québec) über das östliche Drittel der USA bis in deren Süden (Florida) und Südosten (Texas). Man kann sie in den meisten stillen und schwachfließenden Gewässern wie Teichen, Tümpeln, Gräben, Sümpfen, Flüssen finden.

Größenvergleich zwischen Muttertier und wenige Tage altem Schlüpfling von *Sternotherus odoratus*. Die Art ist auch wegen ihrer geringen Größe besser zu halten als die oft angebotenen Schmuckschildkröten.

Aussehen und Größe: Recht unscheinbar graubraun gefärbt, zeigt die bis zu 14 cm (meist aber nur 10 bis 11 cm) große Schildkröte wenige Zeichnungen: Auf beiden Seiten des Kopfes verlaufen je zwei gelbliche Streifen von der Schnauzenspitze zum Hals. Dabei berühren sie die oberen und unteren Augenränder. Jungtiere zeigen auch an der Halsunterseite sowie an den Gliedmaßen helle Streifen. Ebenso weisen sie ein helles, individuelles Plastronmuster auf, das aber schnell an Konturen verliert und später ganz verschwindet. Daneben gibt es aber auch Exemplare, die auf der grauen Haut lediglich verwaschene dunkle Punkte aufweisen. Die Kinnbarteln der Moschusschildkröten sind deutlich sichtbar.

Geschlechtsunterschiede sind neben den bekannten Merkmalen wie unterschiedliche Schwanzlänge und Schwanzwurzelbreite die breiteren Bindegewebsnähte am Plastron der Männchen (HENNIG 1999).

Haltung: Zur Haltung eignen sich Behälter ab 80 cm Länge, 40 cm Breite und einem Wasserstand von 20 bis 25 cm (Haltungsrichtlinien: 3-fache PL x 0,5 des errechneten Wertes; Wasserstand gleich 2-fache Panzerbreite).

Versteckplätze in Form von Wurzeln, kleinen Höhlen oder Pflanzenpolstern werden gern genommen. Wassertemperaturen von 25°C werden auch in kleineren Teichen

Männliche *S. odoratus* haben deutlich längere und an der Basis dickere Schwänze als Weibchen

während der Hochsommermonate erreicht; daher ist diese Art saisonal auch im Freiland haltbar. Allerdings kann man sie dann kaum noch beobachten. Während viele Halter ihre Moschusschildkröten über mehrere Wochen im Winter lediglich bei abgeschalteter Beleuchtung halten und damit auch langjährige Zuchterfolge erreichen, überwintere ich meine Gruppe kälter. Dazu nutze ich Eimer und kleine Glasaquarien, die ich vorher zur Hälfte mit feuchtem unbehandeltem Rindenmulch auffülle und in einen durchschnittlich 8 bis 12°C kühlen Raum stelle. Setze ich die Schildkröten auf das Substrat, vergraben sie sich innerhalb weniger Minuten. Nach zwei bis drei Monaten (in dieser Zeit wird der Rindenmulch stets feucht gehalten) überführe ich die Behälter in ein wärmeres Zimmer. Wachen die Tiere auf, werden sie zur Kontrolle gewogen und anschließend in ihre Becken gesetzt. Eine Vergesellschaftung mit anderen Arten hat bei mir funktioniert. Dagegen mißlang das Zusammensetzen mehrerer Weibchen; es kam zu Beißereien. Das Männchen wird nur für die Paarungen zu den Weibchen gesetzt, da es diese sehr oft bedrängt.

Die Bezeichnung „Moschusschildkröte“ hat ihre Begründung in der Fähigkeit, bei Manipulation am Tier (beim Handling) einen arttypischen Moschusgeruch abzusondern. Selbst frisch geschlüpfte Babys können „stinken“. Dieser Geruch ist für menschliche Nasen dezent übelriechend

Im Vergleich mit den männlichen Artgenossen besitzen weibliche Moschusschildkröten wesentlich kleinere Schwänze. Zur Geschlechtsbestimmung ist es immer praktisch, beide Geschlechter einer Art direkt miteinander zu vergleichen. Erkennungsmerkmale stechen so besser hervor.

und leicht stechend. Ein Umstand, der jedoch nach Eingewöhnung ausgesprochen selten auftritt.
Gefüttert wird auf tierischer Basis, beispielsweise mit Wirbellosen und Fisch.

Zucht: Nach der Ruheperiode im Winter geraten vor allem die Männchen schnell in ausdauernde Paarungsstimmung. Haben sie ein weibliches Exemplar entdeckt, wird es hartnäckig verfolgt und bedrängt. Ohne ein Vorspiel kommt es nach dem zügigen Aufreiten schnell zur Kopulation. Einige Wochen nach vollzogener Paarung kommt es zur Eiablage; paarten sich die Schildkröten im Herbst vor Beginn der Winterruhe, erfolgt die Ablage im darauffolgenden Frühjahr. Es werden meist zwei bis fünf hartschalige Eier in eine vorher ausgehobene Grube gelegt. Eines meiner Weibchen legte auch bereits acht Eier in einem Gelege (die Anzahl ist auch abhängig von der Größe der Weibchen). Die 24,5 bis 35,0 mm langen Eier inkubierte ich bei 23°C bis 27°C. Bei diesen Temperaturen schlüpfte erstmals nach 82 Tagen ein 2,5 g schwerer Schlüpfling, dem bis zum insgesamt 88. Bruttag die restlichen Exemplare folgten. Bei konstant höheren Temperaturen verkürzt sich die Inkubationsdauer. Die Aufzucht in kleineren Becken gestaltet sich problemlos.

Sternotherus carinatus ist ein interessanter Vertreter der nordamerikanischen Schildkrötenfauna. Sehr gut erkennt man den dachförmigen Carapax und die arttypische Zeichnung.

Sternotherus carinatus (Gray, 1855)
Kielrückige Moschusschildkröte

Verbreitung und Lebensraum: Nachgewiesen wurde die Art im Süden der USA: Vom südöstlichen Mississippi nach Westen über Louisana, Süd-Arkansas, den äußersten Südwesten Oklahomas bis zur östlichen Hälfte von Texas. Hier lebt sie im Einzugsgebiet verschiedener Fließgewässer und bevorzugt dabei dicht bewachsene, langsam fließende Ströme und Überschwemmungsgebiete.

Aussehen und Größe: Die Art besticht durch ihren steil aufsteigenden, unverwechselbar dachförmigen Carapax (Dach-Moschusschildkröte). Er ist olivgrün bis braun gefärbt und besitzt eine dunkle, zum Teil strahlenförmige Sprenkel- und Strichzeichnung, deren Intensität recht variabel sein kann. Das helle Plastron zeigt bei männlichen Exemplaren, insbesonde-

Der wenige Tage alte *S. carinatus*-Schlüpfling findet bequem auf der Fingerspitze Platz.

re an der Mittelnaht, breitere Bindegewebsnähte als bei den kleiner bleibenden Weibchen (HENNIG 2000). Die graubraune Haut zeigt eine dunkle Punktzeichnung. Männchen werden größer als weibliche Tiere und können Carapaxlängen von über 15 cm erreichen.

Haltung: Die Unterbringung erfolgt - nach Geschlechtern getrennt - in Aquarienbecken mit Maßen ab 80 x 40 x 40 cm, ungefähr bis zur halben Höhe mit Wasser gefüllt (Haltungsrichtlinien: 3-fache PL x 0,5 des errechneten Wertes; Wasserstand gleich 2-fache Panzerbreite).

Ein Sonnenplatz (hauptsächlich für trächtige Weibchen) mit starkem Strahler ist zweckmäßig. Entsprechend ihrem Herkunftsgebiet sind höhere Temperaturen als vergleichsweise bei *Sternotherus odoratus* notwendig. Ich halte sie während der Brutsaison erfolgreich bei 26 bis 28 °C Wassertemperaturen, im Winter bei abgeschalteter Heizung und Kurztagsbeleuchtung.

Als Futter werden verschiedenste tierische Bestandteile und auch gelegentlich verfüttertes Obst willig angenommen.

Zucht: Setzt man die Geschlechter zusammen, kommt es nach intensiver Verfolgung durch das Männchen alsbald zu Paarungen. In der Folgezeit kann man die Weibchen häufig beim Sonnenbad beobachten. Etwa zwei Tage vor der Eiablage wird es unruhig und läuft immer wieder über den Landteil. Dann kommt es zum Vergraben von bis zu vier Eiern pro Ablage; zwei Gelege in einer Saison sind möglich. Bei den von mir gezeitigten Eiern dauerte es bei Bruttemperaturen von überwiegend 27°C 98 bis 113 Tage bis zum Schlupf der Babys. Während ihrer Aufzucht mit

Kinosternon leucostomum postinguinale.

abwechslungsreichem Futter (unter anderem kleine Gehäuseschnecken) konnte ein verstärktes Bedürfnis nach Versteckplätzen festgestellt werden.

Kinosternon leucostomum DUMÉRIL, BIBRON & DUMÉRIL, 1851
Weißmaul-Klappschildkröte

Verbreitung und Lebensraum: Fundorte von *Kinosternon leucostomum leucostomum* erstrecken sich von Veracruz in Mexiko bis Nicaragua. Hier wird sie von *K. l.*

K. l. leucostomum ist eine empfehlenswerte Schildkröte für Liebhaber mit wenig Platz für großzügige Wasserbecken.

Eine eigentümliche, aber äußerst interessante Art ist die Großkopf-Schlammschildkröte, *Claudius angustatus*.

postinguinale abgelöst, deren Verbreitungsgebiet bis nach Ecuador reicht. Besiedelt werden vegetationsreiche Stillgewässer.

Aussehen und Größe: Ihr dunkelbrauner Panzer ist ebenso wie der helle Bauchpanzer zeichnungslos. Der überwiegend düster wirkende Kopf besitzt heller abgesetzte Kiefer sowie auflösende Streifen vom Auge bis zum Hals. Die graubraune Haut der Extremitäten und des Schwanzes ist unterseits weißlich bis hellgrau abgesetzt. Männchen der bis zu 17 cm großen Schildkröten besitzen einen sichtbar längeren und dickeren Schwanz als die Weibchen. Klappschildkröten (*Kinosternon*) haben am Plastron zwei Quergelenke, die es ihnen ermöglichen, den Bauchpanzer vorn und hinten zu schließen.

Haltung: Wasserbecken ab einer Grundfläche von 80 x 40 cm eignen sich zur Unterbringung der einzeln zu haltenden Schildkröten. Bei dieser Fläche kann der Wasserstand etwa 20 cm betragen (Haltungsrichtlinien: 3-fache PL x 0,5 des errechneten Wertes; Wasserstand gleich 2-fache Panzerbreite).

Zur Ausstattung gehört neben den üblichen Einrichtungselementen vor allem ein Versteckplatz, zum Beispiel unter dem Landteil.

Die Ernährung gestaltet sich in der Regel problemlos auf tierischer Basis.

Zucht: Nach einer kühleren Periode im Herbst (ca. 20 bis 22°C) und der darauffolgenden Temperaturerhöhung auf 27 bis 29°C werden die Geschlechter zur Paarung zusammengesetzt. War diese erfolgreich, vergräbt das Weibchen ein bis vier Eier; mehrere Gelege sind möglich. Bei Inkubationstemperaturen von 27 bis 30°C schlüpften die Jungtiere bei HELM (schrift. Mitt.) nach 136 und 141 Tagen.

Zur Aufzucht können die juvenilen Exemplare zunächst miteinander vergesellschaftet werden. Spätestens bei den ersten Beißereien muß eine Einzelunterbringung erfolgen.

Beachten Sie die kräftigen Kiefer mit ihren deutlichen Zacken.

Claudius angustatus Cope, 1865
Großkopf-Schlammschildkröte

Verbreitung und Lebensraum: Ost-Mexiko, etwa südlich des 20. Breitengrades bis zu den nördlichen Grenzen von Guatemala und Belize. Hier kann man sie in Sümpfen und kleineren Stillgewässern finden.

Aussehen und Größe: Der hellbraune bis braune Panzer zeigt ein schwarzes Strahlenmuster. Das Plastron ist gelblich und ausgesprochen klein. Kopf, Hals, Beine und Schwanz sind oberseits grau mit dunkler Sprenkelzeichnung, auf den Unterseiten klar aufgehellt. Der Oberkiefer zeigt drei deutliche Zacken, sein Pendant eine mittig angeordnete Spitze. Desweiteren sind zwei Kinnbarteln zu erkennen. *Claudius angustatus* erreicht Carapaxlängen bis zu 17 cm.

Haltung: Die Einzelunterbringung der Schildkröten erfolgt in Wasserbecken mit einer Länge ab 80 cm. Das auf etwa 25 - 27 °C erwärmte Wasser sollte in kleinen Behältern eine Höhe von 20 cm haben, in größeren Wasserbecken mit guten Klettermöglichkeiten kann der Wasserstand erhöht werden (Haltungsrichtlinien: 3-fache PL x 0,5 des errechneten Wertes; Wasserstand gleich 2-fache Panzerbreite). Beim Handling mit den Tieren ist zu beachten, daß sie äußerst reizbar reagieren und schmerzhaft zubeißen können; der Aktionsradius des Kopfes ist nicht zu unterschätzen.

Claudius angustatus ernährt sich carnivor.

Zucht: Ein Aufreiten der Männchen erfolgt zügig und ohne jedes Vorspiel. War die Paarung erfolgreich, vergräbt das Weibchen meist zwei bis vier, seltener fünf hartschalige befruchtete Eier. Zeitigt man diese bei 28 °C, dauert die Inkubation mindestens 70 bis 74 Tage. Dennoch kommt es vor, daß sich die Brutdauer bei der genannten Temperatur auf bis zu 220 Tage ausdehnen kann. Ursache dafür ist eine mögliche Entwicklungspause im Ei (Angaben nach Schilde, pers. Mitt.).

Die Aufzucht der Jungtiere kann anfangs noch gemeinschaftlich erfolgen, mit zunehmendem Wachstum sollte eine Trennung und Einzelhaltung erfolgen.

Die junge *Chrysemys picta dorsalis* hat eine Wurzel erklettert und sonnt sich.

Auch bei der Südlichen Zierschildkröte können die Vorderkrallen zur Geschlechtsunterscheidung herangezogen werden: Männchen haben vergleichsweise längere Krallen an den Vorderfüßen.

Die Vorderkrallen der Weibchen sind merklich kürzer als die der männlichen Exemplare.

Chrysemys picta dorsalis
Agassiz, 1857
Südliche Zierschildkröte

Verbreitung und Lebensraum: Geeignete Habitate fand die farblich attraktive Unterart in einigen Südstaaten der USA - vom östlichen Texas über Louisiana, Mississippi, Arkansas bis Alabama, inklusive kleiner Gebiete angrenzender Staaten.

In N-Alabama kommt es zu Vermischungen mit den dort lebenden *Chr. picta picta* und *Chr. p. marginata*. Sie ist recht anpassungsfähig, besiedelt aber bevorzugt Teiche, verschiedenste Klein- sowie ruhigere Fließgewässer.

Aussehen und Größe: Der zweite deutsche Name Rückenstreifen-Zierschildkröte weist bereits auf ein wichtiges Merkmal hin: Den kräftigen rot-orangefarbenen Streifen, der sich in gerader Linie vom vorderen zum hinteren Panzerrand entlangzieht und die Rückenmitte markiert. Bei den anderen drei Zierschildkrötenunterarten ist diese Dorsallinie nur schwach oder gar nicht ausgebildet. Rote

Zeichnungselemente kennzeichnen den Carapaxrand. Das Plastron ist gelb und zeichnungslos. Die dunkle Haut wird von zahlreichen gelben, orangefarbenen und roten Streifen markiert.
Weibchen werden mit Carapaxlängen von bis zu 15 cm (in Terrarienhaltung meist nur bis 13 cm) deutlich größer als Männchen. Diese erreichen etwa 11 cm; eines meiner Männchen maß 11,2 cm.
Haltung: Die schwimmfreudige Art benötigt ein möglichst großes Becken mit hohem Wasserstand. Eine Grundfläche von etwa 100 x 40 cm halte ich für das lieber zu überbietende Minimum für zwei oder drei adulte Exemplare (Haltungsrichtlinien: 5-fache PL x 0,5 des errechneten Wertes; Wasserstand gleich 2-fache Panzerbreite). Auch hier muß das Männchen separiert werden, da es ausdauernde Balzspiele vollführt und den weiblichen Tieren selten Ruhe läßt. Eine Vergesellschaftung mit anderen verträglichen Arten ist möglich.
Für die Sonnenanbeter sind hohe Lichtintensität und leistungsfähige Strahler über dem Sonnenplatz notwendig.
Bei Wassertemperaturen von 26 bis 28°C (Lufttemperatur darüber) im Sommerhalbjahr konnte ich meine *Chrysemys picta dorsalis* erfolgreich halten und zur Nachzucht bringen. Über mehrere Wochen im Winter werden Beleuchtung sowie Heizung reduziert und schließlich ganz ausgeschaltet, um im Frühjahr mit zügig steigenden Temperaturen bei zunehmender Futtermenge das Frühjahr einzuläuten. Jungtiere ernähren sich fleischlich, um mit zunehmendem Alter mehr pflanzliche Nahrung aufzunehmen.
Zucht: Nach der kühleren Winterperiode setzt man die Geschlechter zusammen. In der Regel beginnt das Männchen sofort mit dem grazilen Balzspiel. Es stellt sich frontal vor das Weibchen, streckt die Vorderbeine nach vorn und berührt mit den nach innen gedrehten Außenseiten seiner verlängerten Krallen ihr Gesicht. Dabei machen die vibrierenden Füße den Eindruck, als würden sie die Wangen des Weibchens „streicheln". Ist Letzteres nicht paarungsbereit, ignoriert es die Balz und schwimmt fort.
Produziert das Weibchen Eier, werden meist vier bis fünf Stück in einem Gelege vergraben. Dabei konnte ich Eilängen von 30,5 bis 34,0 mm registrieren (Durchmesser 17,0 bis 20,0 mm). Bei schwankenden Inkubationstemperaturen von 25 bis 31°C (überwiegend im höheren Bereich) erschien der erste Schlüpfling schon nach 45 Tagen. EYLANDER (2000) nennt eine Zeitigungsdauer von 63 bis 64 Tage bei 28 bis 29°C.
Die Aufzucht der beim Schlupf 23 bis 26 mm großen Jungtiere gelang bei mir in kleineren Becken mit Sonneninsel (Wurzel), temperiertem Wasser (20 cm tief) und kleinen Pflanzenpolstern als Versteckplätze. Die Vergesellschaftung mehrerer Unterarten von *Chrysemys picta* kann bei einer Paarung Mischlinge hervorbringen. Deshalb sind die betroffenen Geschlechter zu trennen.

Chrysemys picta bellii (GRAY, 1831)
Westliche -Zierschildkröte, Indianer-Zierschildkröte

Verbreitung und Lebensraum: Von allen vier *Chrysemys-picta*-Unterarten hat sie das größte Verbreitungsgebiet. Es erstreckt sich vom südlichen Kanada (Küste in SW-Columbia bis SW-Ontario) nach Süden

Ein Männchen der Westlichen Zierschildkröte in der Freianlage des Verfassers. Die tiefgelben Kopfstreifen kommen im Sonnenlicht hervorragend zur Geltung.

Chrysemys picta bellii hat eine farbenprächtaigere Plastronzeichnung als alle anderen Zierschildkröten.

über die US-Bundesstaaten Wisconsin und Illinois als Ostgrenze sowie Washington und das nördliche Oregon im Westen. Die südliche Vorkommensgrenze verläuft durch Nord-Idaho, Wyoming, Colorado, Nord-Oklahoma und Süd-Missouri. Isolierte Populationen gibt es in New Mexico, SO-Arizona, Süd-Utah und -Colorado sowie im südöstlichen Texas; ein Reliktvorkommen existiert zudem im nördlichen Mexiko (Chihuahua). Im Osten ihres Verbreitungsgebietes kommt es zu Mischpopulationen mit *Chrysemys picta marginata*.

Lebensraum findet die recht anpassungsfähige *Chrysemys picta bellii* in Still- und Fließgewässern unterschiedlichster Größe und Struktur, bevorzugt in pflanzenreichen Tümpeln, Sümpfen, Altarmen und Gräben.

Aussehen und Größe: Erkennungsmerkmal für diese attraktive Unterart ist das rotgefärbte zeichnungsintensive Plastron. Die großflächigen Zeichnungselemente erstrecken sich im Gegensatz zu *Chrysemys picta marginata* nicht nur entlang der Mittelnaht, sondern auch an den Quernähten der Schilder. Der Carapax ist dunkelgrün, erscheint aber oft düster. Ein gelbes, dunkel gerandetes Linienmuster überzieht den Panzer. Die Haut ist ebenfalls von gelben Streifen überzogen. Adulte Männchen zeigen deutlich längere Vorderkrallen sowie einen längeren und an der Basis dickeren Schwanz. *Chrysemys picta bellii* erreicht in der Natur Panzerlängen bis 25 cm, in Menschenobhut entdeckte ich zahlreiche Exemplare mit maximal 17 cm.

Haltung: Westliche Zierschildkröten benötigen ein großzügiges Becken, dessen Grundfläche mindestens 120 x 50 cm groß sein sollte. Ein hoher Wasserstand ab 40 cm kommt den gewandten Schwimmern entgegen (Haltungsrichtlinien: 5-fache PL x 0,5 des errechneten Wertes; Wasserstand gleich 2-fache Panzerbreite).

Die Wassertemperatur sollte im Sommerhalbjahr 26 bis 28°C betragen (Sonnenplatz mit starkem Strahler berücksichtigen), eine Überwinterung von Exemplaren aus dem nördlichen Verbreitungsgebiet bietet sich im Kühlschrank an. Das Problem besteht jedoch darin, daß man selten Tiere mit sicherer Herkunft besitzt. So ist man häufig gezwungen, zunächst eine Ruheperiode bei abgeschalteter Beleuchtung und Heizung zu praktizieren.

Zur richtigen Ernährung bieten sich Kleintiere, mit zunehmendem Alter auch pflanzliche Bestandteile an.

Zucht: Nach der kühlen Winterperiode beginnen die Männchen das für Zierschild-

Die dunklen Plastronflecken bei *Trachemys scripta elegans* können recht variabel in Erscheinung treten. Bei einigen Exemplaren sind sie größer und teilweise miteinander verschwommen.

Am Kopf der weiblichen Rotwangen-Schmuckschildkröte tritt der namensgebende Fleck deutlich hervor.

kröten typische Balzspiel. Kommt es zur Paarung, kann das Weibchen bei optimaler Haltung mehrere befruchtete Gelege produzieren (meist bis zu sechs Eier pro Ablage). Bei 27 bis 30°C Bruttemperatur schlüpfen die Jungtiere nach spätestens zwei Monaten. Ihre Aufzucht erfolgt in Becken, die in Aufbau und Inhalt dem der Elterntiere entsprechen.

Trachemys scripta elegans **(Wied, 1839)**
Rotwangen-Schmuckschildkröte

Verbreitung und Lebensraum: Aus der Gruppe der nordamerikanischen Buchstaben-Schmuckschildkröten hat sie das größte Verbreitungsgebiet. Es erstreckt sich in der südöstlichen USA vom nördlichen Illinois und Indiana südwärts bis zur Golfküste und dem mexikanischen Grenzgebiet zu Texas. Man entdeckt sie in fast allen Gewässertypen, beispielsweise Gräben, Flüssen, Tümpeln, Quellen. An gemeinsamen Verbreitungsgrenzen mit der Gelbwangen-Schmuckschildkröte (*Trachemys scripta scripta*) und der Cumberland-Schmuckschildkröte (*T. s. troostii*) kommt es zur Vermischung/Bastardisierung.

Aussehen und Größe: Bei Jungtieren entdeckt man die für Schmuckschildkröten bekannte farbenprächtige Zeichnung in verschiedenen Grün- und Gelbtönen. Die arttypischen leuchtend roten Schläfenflecken haben später auch die Alttiere.

Zum Vergleich: *Trachemys scripta scripta* besitzt einen senkrecht verlaufenden dicken gelben Hinteraugenfleck. Der von *T. s. troostii* verläuft waagerecht und ist gelborange. Carapaxmuster und Plastronflecken der Rotwangen-Schmuckschildkröte verblassen im Alter und bekommen verwaschene Konturen, zum Teil verschmelzen sie. Die in der Literatur erwähnten Panzerlängen von über 28 cm werden selten erreicht. Ein bei mir eingestelltes Weibchen hatte im Alter von 18 Jahren eine Carapaxlänge von 20,5 cm. Männchen erscheinen weniger massig und bleiben deutlich kleiner.

Haltung: Die kräftigen und gewandten Schwimmer benötigen entsprechend große Wasserbecken mit hohem Wasserstand. 120 x 60 cm Grundfläche sollte nur als Mindestmaß für zwei adulte Exemplare angesehen werden (Haltungsrichtlinien: 5-fache PL x 0,5 des errechneten Wertes; Wasserstand = 2-fache Panzerbreite). Die tagaktiven Sonnenanbeter benötigen Haltungstemperaturen von 26 bis 28°C. Bei hochsommerlichen Tempera-

Graptemys pseudogeographica kohnii mit ihrer typischen Sichelzeichnung hinter dem Auge.

Bei *G. p. pseudogeographica* endet die Sichelzeichnung in Höhe des Auges. Bei diesem juvenilen Exemplar ist das netzartige Carapaxmuster noch vorhanden; im Alter wird es nicht mehr so klar zu sehen sein.

Plastronzeichnung einer kleinen Landkarten-Höckerschildkröte.

turen ist auch die saisonale Freilandhaltung möglich. Im Herbst beginnend, werden Temperaturen und Beleuchtungszeit reduziert, um im Winter für einige Wochen Licht- und Wärmequellen auszuschalten. Während junge Schmuckschildkröten tierische Nahrung bevorzugen, fressen adulte Exemplare lieber pflanzliches Futter.

Zucht: Auch hier kann man das wie bei *Chrysemys picta dorsalis* beschriebene Balzspiel beobachten. Ist kein paarungsbereites Weibchen vorhanden, werden auch gleichgeschlechtliche und artfremde Wasserschildkröten angebalzt. Bei meist drei Gelegen pro Jahr werden in der Regel fünf bis neun weichschalige Eier vergraben. Die Zeitigungsdauer beträgt bei durchschnittlich 28°C 60 bis 70 Tage. Haben die Schildkrötenbabys ihren Dottersack vollständig resorbiert, nehmen sie willig kleines Futter in Form von Roten Zuckmückenlarven und anderem an.

Vermeiden Sie bitte die Gemeinschaftshaltung von verschiedenen Geschlechtern der Rotwangen- und Gelbwangen-Schmuckschildkröte (zum Beispiel männliche *Trachemys scripta elegans* mit weiblicher *T. s. scripta*). Es kommt zur Kreuzung der Unterarten - ein nicht erstrebenswerter Effekt der Wildtierhaltung.

Graptemys pseudogeographica (Gray, 1831)

Falsche Landkarten-Höckerschildkröte

Verbreitung und Lebensraum: *Graptemys pseudogeographica pseudogeographica* findet man in den USA, konkret in Arkansas entlang von Mississippi und Missouri nach Norden bis SW-Minnesota und den Süden von North Dakota. *G. p. kohnii*

(Mississippi-Höckerschildkröte) findet man im Flußsystem des Mississippi (von der Mündung bis ins südlichste Illinois). Beide Unterarten leben in den dortigen Flußsystemen einschließlich stehender Gewässer wie Altarmen.

Aussehen und Größe: Ihr Carapax variiert in Brauntönen (auch schmutzigoliv) und zeigt bei adulten Exemplaren kaum noch die Netzzeichnung der Jungtiere. Ebenso verschwinden oder verwaschen im Alter die feinen dunklen Linien auf dem hellen Plastron. Die Haut zeigt auf grauem Grund ein umfangreiches Muster aus weißlichen bis gelben Streifen und Punkten. Zur Differenzierung der beiden Unterarten eignet sich der Hinteraugenfleck. Er führt bei *G. p. kohnii* sichelförmig bis unter das Auge, bei *G. p. pseudogeographica* endet er in Augenhöhe. Zwischen den adulten Geschlechtern gibt es deutliche Größenunterschiede. Während die Weibchen Panzerlängen von 27 cm erreichen können, werden männliche Exemplare mit ihrem deutlich dickeren Schwanz nur etwa halb so groß.

Haltung: Zur richtigen Haltung gehören große Wasserbecken mit mindestens 120 x 60 cm Grundfläche. Ein hoher Wasserstand ab 40 cm bietet sich für die schwimmfreudigen Schildkröten an (Haltungsrichtlinien: 5-fache PL x 0,5 des errechneten Wertes; Wasserstand gleich 2-fache Panzerbreite). Einige Liebhaber halten ihre großen Höckerschildkröten erfolgreich in Fertiggartenteichen, die sie an einem zugluftfreien Standort in den Wohnräumen aufstellten. Auf einem stabilen Holzrahmen ruhend, wurde der Unterbau mit Profilholz verkleidet - eine überlegenswerte Alternative zu den herkömmlichen Glasbecken. Der auf 26 bis 28°C erwärmte Wasserteil wird mit einer Sonneninsel und darüber installiertem Strahler ergänzt. Für Weibchen wird natürlich ein entsprechender Landteil eingebaut. Für eine Winterruhe empfehlen sich über einen Zeitraum von acht bis zehn Wochen Temperaturen von maximal 10°C. Die Ernährung erfolgt mit einer breiten Palette von Kleintieren, mit zunehmendem Alter werden gern pflanzliche Bestandteile angenommen.

Zucht: Steigen im Frühjahr wieder die Temperaturen zügig an, beginnen die Männchen meist sofort mit der Balz. Bei mehreren Gelegen pro Saison wurden bei HELM (schrift. Mitt.) pro Ablage bis zu acht (*G. p. pseudogeographica*) bzw. vier Eier (*G. p. kohnii*) vergraben. Mit Bruttemperaturen zwischen 29 und 31°C schlüpften bei ihm die Jungtiere nach 54 bis 56 (*G. p. kohnii*) oder 57 bis 71 Tagen (*G. p. pseudogeographica*). Bereits die jungen Höckerschildkröten sind gewandte Schwimmer und akzeptieren hohe Wasserstände. Ihre Ernährung mit tierischem Futter gestaltet sich bei optimaler Haltung in der Regel ohne Probleme. Wer sich für Höckerschildkröten interessiert, jedoch nicht über den Platz für die Haltung großwüchsiger Arten verfügt, kann auf die interessante *Graptemys nigrinoda* zurückgreifen. Sie bleibt kleiner als die vorgenannten Unterarten und ist attraktiv gezeichnet.

Eine attraktive Bereicherung unserer heimischen Schildkrötenbecken ist die Rotbauch-Spitzkopfschildkröte (*Emydura subglobosa*) mit ihrer schönen Kopfzeichnung.

Weibchen wirken mit ihrer Panzerlänge von über 20 cm sehr massig und voluminös - sie sind es auch.

Emydura subglobosa **KREFFT, 1876**
Rotbauch-Spitzkopfschildkröte

Verbreitung und Lebensraum: Ihr Vorkommen beschränkt sich auf das nördlichste Australien (Norden der Cape-York-Halbinsel) und Neuguinea. Lebensraum sind Flüsse und größere Gewässer.

Aussehen und Größe: Die attraktive Schildkröte besitzt einen braunen flachen Carapax. Das rote Plastron hat ein helles Zentrum. Die Grundfärbung der Weichteile ist hell- und dunkelgrau. Ein breiter weißlichgelber Streifen führt von der Nasenspitze, das Auge berührend, bis in Schläfenhöhe. Der Oberkiefer ist ebenfalls hell abgesetzt, der Unterkiefer leuchtet rot. Vor allem bei Männchen sieht man auf der Haut rötliche Flecken. Die in der Literatur erwähnten 26 cm Carapaxlänge haben die von mir gepflegten *Emydura subglobosa* (noch) nicht erreicht. Mein Weibchen mißt 22,5 cm, das geschlechtsreife Männchen 16 cm.

Haltung: Diese aktive und bewegungsfreudige Art benötigt viel Schwimmraum, der mit Wasserbecken ab 120 x 60 cm Grundfläche und hohem Wasserstand ab 40 cm gewährleistet sein sollte (Haltungsrichtlinien: 5-fache PL x 0,5 des errechneten Wertes; Wasserstand = 2-fache Panzerbreite). Haltungstemperaturen von 26 bis 28 °C (Luft etwas darüber) sind empfehlenswert. Eine Ruhephase mit gesenkten Temperaturen ist für die tropischen Schildkröten nicht zwingend notwendig. *Emydura subglobosa* ernährt sich sowohl von Tieren als auch Pflanzen.

Zucht: Bei Zuchtversuchen ist zu beachten, daß nicht alle potentiellen Paare miteinander harmonieren. Es gibt Exemplare, die aggressiv sind oder auch verträglich miteinander leben, aber nie zur Fortpflanzung schreiten (SCHILDE, pers. Mitt.).

Vergesellschaftet man diese Tiere mit anderen Partnern, kann es sofort zu erfolgreichen Paarungen kommen. Daher ist es gerade bei dieser Art empfehlenswert, mehrere Individuen zu erwerben, um darunter ein erfolgreiches Zuchtpaar zu besitzen.

Spitzkopfschildkröten zeigen ein ausgeprägtes Balzverhalten. Das zur Paarungszeit intensiver gefärbte Männchen beriecht zunächst die Analregion des Weibchens, um es dann kopfnickend von vorn anzuschwimmen. Dabei fächert es mit einem Vorderbein an dessen Kopf und berührt häufig mit seiner Nase das Gesicht der Partnerin. Steht kein Weibchen zur Verfügung, werden auch artfremde Wasserschildkröten ausdauernd angebalzt. Eine Separierung des Männchens wird spätestens dann unumgänglich.

Gut konditionierte Weibchen können bis zu acht Gelege (jeweils acht bis zehn Eier) pro Jahr produzieren. Überführt man die Eier in einen auf 26 bis 30 °C temperierten Inkubator, benötigen die Babys nicht einmal zwei Monate bis zum Schlupf.

Die Aufzucht der oft schreckhaften Jungtiere erfolgt in einem mit Versteckmöglichkeiten ausgestatteten Aquarium. Meine juvenilen Spitzkopfschildkröten flüchteten anfangs schon beim Herantreten an das Becken. Als Futter bieten sich verschiedenste Kleintiere an.

Fachbegriffe und Abkürzungen

adult
erwachsen/geschlechtsreif

aquatil
im Wasser lebend

Carapax
Rückenpanzer

Carapaxlänge
Panzerlänge (gemessen in gerader Linie vom vorderen bis zum hinteren Panzerrand)

carnivor
fleischfressend

herbivor
pflanzenfressend

Herpetofauna
Gesamtheit aller Amphibien- und Reptilienarten eines Gebietes

Herpetologie
Lehre von den Amphibien und Reptilien

Hibernation
Überwinterung/Winterruhe

Inkubator
Brutapparat

inkubieren
kontrolliertes Bebrüten von Eiern

juvenil
jung, nicht geschlechtsreif

konkav
hohl, nach innen gewölbt

Kopulation
Paarung/Begattung

olfaktorisch
geruchlich

omnivor
allesfressend

palpieren
erfühlen (die Eier im Körper)

Plastron
Bauchpanzer

Population
Gesamtheit der artgleichen Tiere (oder Pflanzen) eines bestimmten Lebensgebietes

resorbieren
aufnehmen

semiadult
halberwachsen

zeitigen/Zeitigung
das Erbrüten der Eier

Detlef Handschack

Besonders beim Lesen in Fachzeitschriften oder auf den Preisschildern in Zoohandlungen entdeckt man zahlreiche Abkürzungen. Gebräuchliche Kürzel sind:

ad. - adult/erwachsen

CL - Carapaxlänge

DNZ - Deutsche Nachzucht

FZ - Farmzucht

juv. - juvenil/jung

LBH (oder LxBxH) - Länge x Breite x Höhe (Maßangaben für Aquarien und Terrarien)

NZ - Nachzucht

PL - Plastronlänge

WF - Wildfang

ZG - Zuchtgruppe

ZP - Zuchtpaar

In Inseraten (Zeitschriften, Internet) sieht man immer wieder vor den jeweiligen Artnamen Angaben wie „1,3“ oder „2,0“. Was bedeuten sie? Auf diese Weise werden die Anzahl der Exemplare und deren Geschlechter angegeben. Vor dem Komma stehen die Männchen, dahinter die Weibchen. Jungtiere oder Exemplare, deren Geschlecht nicht bestimmt wurde, stehen an der möglichen dritten Position.
So bedeuten beispielsweise „1,3 *Chrysemys picta dorsalis*“: ein Männchen, drei Weibchen der Südlichen Zierschildkröte; „2,1,5 *Sternotherus odoratus*“: zwei Männchen, ein Weibchen, fünf Jungtiere der Gewöhnlichen Moschusschildkröte; „0,0,10 *Pelodiscus sinensis*“: zehn Jungtiere der Chinesischen Weichschildkröte.

Literatur

ARTNER, B. (1998): Eine neue Variante des Gelatinefutterpuddings für Wasserschildkröten.-Emys, 5 (3): 20-22

ARTNER, H. (2000): Regelmäßige Nachzucht von *Ocadia sinensis* (GRAY, 1834) im Terrarium: S. 117-122.- In: ARTNER, H., MEIER, E. (2000): Schildkröten Symposiumsband.- Münster (Natur und Tier - Verlag), 184 S.

Bundesministerium für Ernährung, Landwirtschaft und Forsten (1997): Mindestanforderungen an die Haltung von Reptilien.- Bonn (Sonderausgabe der DGHT), 80 S.

FELSNER, H. (2000): Haltung und Nachzucht von *Cuora amboinensis kamaroma* RUMMLER & FRITZ, 1991, der Amboina-Scharnierschildkröte.- Emys, 7 (5): 4-20

GRAMENTZ, D. (1993): Vernichtung einer Population von *Rafetus euphraticus* am Oberlauf des Euphrat. -Salamandra, 29 (1): 86-89

GUNTERMANN, J. (1999): Schildkrötenfang in Georgia.-Journal der AG Schildkröten, 8 (1): 26-28

HACKETHAL, U. (1998): Schildkrötenfutter - die Qual der Wahl?-Journal der AG Schildkröten, 7 (1): 21-22

HELM, W. (1999): Die Chinesische Weichschildkröte *Pelodiscus sinensis* - Statistik zu (Massen-)Nachzuchten.-Radiata, 8 (2): 7-11

HENNIG, A. S. (1999): Eine empfehlenswerte Wasserschildkröte - auch für den Anfänger: Haltung und Nachzucht der Gewöhnlichen Moschusschildkröte *Sternotherus odoratus*.-Reptilia, 4 (5): 65-68

HENNIG, A. S. (2000): Haltung und Nachzucht von *Sternotherus carinatus* (Gray, 1855), der Dach-Moschusschildkröte.-Radiata, 9 (4): 3-7

HUMMEL, F., MOSIMANN, D., ARTNER, H. & A. EYLANDER (2000): Bemerkungen zu den Zierschildkröten *Chrysemys* (GRAY, 1844) nebst Beobachtungen bei Haltung und Nachzucht der vier Unterarten *C. p. picta, C. p. bellii, C. p. dorsalis und C. p. marginata*.-Emys, 7 (3): 4-28

JOST, U. & R. (2000): Dreizehen-Dosenschildkröte *Terrapene carolina triunguis* (AGASSIZ, 1857) und Schmuck-Dosenschildkröte *Terrapene ornata ornata* (AGASSIZ, 1857): Bemerkungen zur Haltung, Fütterung, Nachzucht und Aufzucht: S. 79-92.- In: ARTNER, H., MEIER, E. (2000): Schildkröten Symposiumsband. Münster (Natur und Tier - Verlag), 184 S.

MEIER, E. (1997): Eiablageprobleme bei Schildkröten - ein meist hausgemachtes Problem.- Reptilia, 2 (4): 62-64

MEIER, E. (2000): Eine Arche für die letzten ihrer Art - Die geplante Erhaltungszuchtstation im Allwetterzoo Münster.- Reptilia, 5 (2): 34-39

OBST, F. J. (1995): Schmuckschildkröten. Magdeburg (Westarp Wissenschaften), 127 S.

PAWLOWSKI, S. (2000): Eine Möglichkeit zur gezielten Eiablage bei einer Rotwangenschmuckschildkröte, *Trachemys scripta elegans* (WIED, 1893).-elaphe, 8 (2): 9-12

RAUH, J. (2000): Grundlagen der Reptilienhaltung. Münster

RUDLOFF, H.-W. (1990): Vermehrung von Terrarientieren - Schildkröten.-Leipzig, Jena, Berlin (Urania-Verlag), 155 S.

SASSENBURG, L. (2000): Schildkrötenkrankheiten. Ruhmannsfelden (bede-Verlag), 96 S.

SCHÄFER, I. (2000): Haltung, Nachzucht und soziales Verhalten der Tropfenschildkröte *Clemmys guttata* (SCHNEIDER, 1783): S. 123-128.-In: ARTNER, H., MEIER, E. (2000): Schildkröten Symposiumsband. Münster (Natur und Tier - Verlag), 184 S.

SCHILDE, M. (2000): Haltung und Zucht von *Staurotypus triporcatus* (WIEGMANN, 1828), der Großen Kreuzbrustschildkröte.- Radiata, 9 (2): 25-28

TASKAVAK, E., REIMANN, M. J. (1998): Ein gigantisches Projekt und eine bedauernswerte Schildkröte.-Schildkröte, 1 (2): 4-9

VALENTIN, P. (2000): Das Ende asiatischer Schildkröten? Die Lebendtiermärkte Südostasiens.-Reptilia, 5 (2): 30-33

Adressen

Deutsche Gesellschaft für Herpetologie und Terrarienkunde e. V.
Arbeitsgemeinschaft Schildkröten (AG Schildkröten)
Postfach 1421
D - 53351 Rheinbach
www.dght.de/ag/schildkroeten/schildkroeten
E-Mail: ag-schildkroeten@dight.de

Schildkröten-Interessengemeinschaft Schweiz SIGS
Postfach
CH 4416 Bubendorf
www.sigs.ch E-Mail: sigs@sigs.ch

Internationale Schildkröten-Vereinigung (ISV)
Kontakt:
Gerhard.Schaffer@isv.cc
Tel.: +43681 10457211

Internet

Immer mehr wird das Internet, das weltweite „Netz der Netze“, zur Informations- und Kommunikationsquelle.

Es bietet auch dem Schildkröteninteressierten zahlreiche Möglichkeiten, sich über seine Pfleglinge zu informieren. Dabei muß nicht nur auf deutschsprachige Seiten zurückgegriffen werden. Man hat den sprichwörtlich weltweiten Zugriff, egal ob man sich über Schildkröten in den USA oder Südafrika belesen möchte.

Im deutschsprachigen Netz gibt es immer mehr private Homepages (mit unterschiedlicher Qualität), die das Wissen und die Erfahrung der Homepage-Betreiber widerspiegeln. Dort werden Haltungsberichte veröffentlicht und Hinweise zur Schildkrötenhaltung gegeben. Überregionale herpetologische Vereinigungen und Fachverbände sind mittlerweile fast alle mit einem eigenen Internetauftritt präsent. Sie informieren dort über Aktivitäten, aktuelle Gesetzesänderungen, Kontaktadressen, Literatur, Tierhaltung und vieles mehr.

Eine Form der Kommunikation per Datenautobahn sind themenbezogene Mailinglisten und Diskussionsforen.

Während Listen auf der Basis von E-Mails funktionieren (sie werden an eine zentrale E-Mail-Adresse geschrieben und von dort an alle registrierten Mailinglisten-Mitglieder verteilt), sind Diskussionsforen auf den Webseiten auch für unregistrierte Leser einsehbar. In beiden Fällen erhält man Kontakt zu Gleichgesinnten, kann diskutieren, streiten, helfen oder Hilfe suchen. Natürlich gibt es im WWW auch Chat-Räume, bei denen man sich online „unterhält“.

Wie kommt man auf solche Homepages mit Schildkrötenthemen? Zum einen gibt es die sogenannten Suchmaschinen, die beim Eintrag eines Suchbegriffes nach entsprechenden Inhalten suchen. Eine andere Möglichkeit sind „Links“, also Verknüpfungen bzw. Hinweise auf andere Webseiten. Auf diese Art ist es möglich, von einer Homepage zur anderen zu springen. Bedenken Sie in jedem Fall: Das Internet ersetzt nicht die notwendige Literatur.

Ihre persönliche Checkliste

Übersicht zur Wasserschildkrötenernährung

Lebendfutter:
Regenwürmer, Gehäuseschnecken (Wasser- und Landschnecken), Mückenlarven, Tubifex (Schlammröhrenwürmer), Wasserflöhe, Kellerasseln, Wasserläufer, „Mehlwürmer" (Mehlkäferlarven), Zophobas (Schwarzkäferlarven), Wachsmaden, Heuschrecken, Grillen,Heimchen, Larven der Eintagsfliege, Süßwasserfische, Mäuse- und Rattenbabys

Frostfutter:
Muschelfleisch, Süßwasserfische, Fischeier, Mückenlarven, Wasserflöhe, Tubifex, Mäuse- und Rattenbabys

Trockenfutter:
Bachflohkrebse, Pellets

Sonstiges:
verschiedenes Obst, Eierschalen, Sepia-Schalen

Pflanzliche Nahrung:
Löwenzahn, Wegerich, Wasserlinsen („Entengrütze")

Grundsätzliche Überlegungen für den verantwortungsbewußten Wasserschildkrötenliebhaber

Sind Sie bereit, ihre Wasserschildkröte über viele Jahre artgerecht zu halten?

Wasserschildkröten werden sehr groß. Vermeiden Sie Spontankäufe von Wasserschildkrötenbabys.

Das notwendige Grundwissen zur Haltung und Pflege von Wasserschildkröten finden Sie in geeigneter Fachliteratur.

Denken Sie an die Kosten für Becken und Technik sowie laufende Kosten für Strom, Wasser und Futter.

Wollen Sie mehrere Wasserschildkröten halten? Bedenken Sie, daß eine seperate Unterbringung (beispielsweise wegen Krankheit) in einem zweitem Becken notwendig sein kann.

Sind Sie ein/e erfahrene/r Wasserschildkrötenhalter/in oder Anfänger/in?
Manche Arten verlangen besondere Haltungsbedingungen.

Was ist einzukaufen?

✓Aquarium (mit Sonnenplatz) / Aquaterrarium

✓elastischeUnterlage,beispielsweise Polysoftmatten

✓Bodengrund,wie Kies oder Natursteinplatten

✓Rückwand

✓Pflanzen

✓Technik (Heizung, Beleuchtung, Filter)

Ratgeber für Terrarianer

Mein erstes Terrarium zu Hause.
W. Preißer. 2007. 64 S., kart.
ISBN 978-3-89860-029-3.

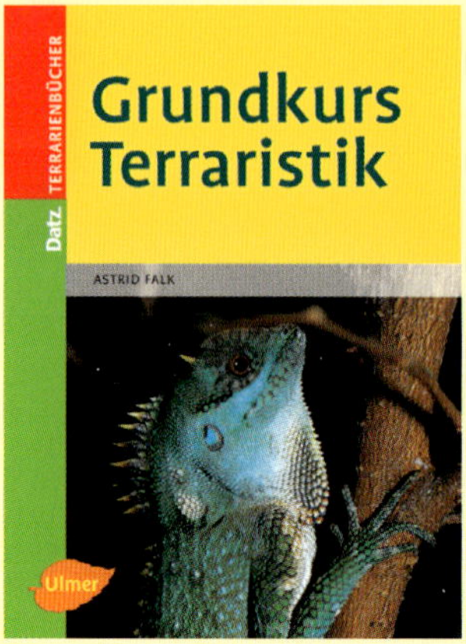

Grundkurs Terraristik.
A. Falk. 2., korrigierte Aufl. 2005. 128 S., 84 Farbf.,
10 Zeichn., geb. ISBN 978-3-8001-4785-4.

Handbuch Schlangenpflege.
M. Hoffmann. 2007. 136 S., geb.
ISBN 978-3-89860-135-1.

Terrarienpflanzen.
H. Schmidt. 2003. 284 S., 352 Farbf., 21 Zeichn.,
geb. ISBN 978-3-8001-3935-4.

bede bei Ulmer   www.bede-bei-ulmer.de | www.ulmer.de   Ulmer